风光互补LED
照明系统设计及应用

刘祖明 丁向荣 张安若 编著 ●●●

U0230793

化学工业出版社
·北京·

本书结合我国节能减排工程计划和国内外风光互补 LED 照明系统的发展动态，系统地讲解了风光互补 LED 照明系统的设计、施工、安装、调试及应用。本书主要内容包括太阳能、风能、风光互补 LED 照明系统的设计相关的基础知识，太阳能 LED 路灯、景观灯的应用。同时也深入浅出地阐述了太阳能板、风力发电机、蓄电池、风光互补控制器、LED 光源、LED 电源驱动技术等。

　　本书内容实用，通俗易懂，具有很强的工程实践意义，适合从事新能源发电、LED 照明系统设计及应用的技术人员以及高等院校相关专业的师生参考。

图书在版编目（CIP）数据

风光互补 LED 照明系统设计及应用/刘祖明，丁向荣，张安若编著 . —北京：化学工业出版社，2019.7
　　ISBN 978-7-122-34254-6

Ⅰ.①风⋯　Ⅱ.①刘⋯②丁⋯③张⋯　Ⅲ.①发光二极管-照明设计　Ⅳ.①TN383.02

中国版本图书馆 CIP 数据核字（2019）第 064885 号

责任编辑：耍利娜　李军亮　　　　　　文字编辑：谢蓉蓉
责任校对：王素芹　　　　　　　　　　装帧设计：刘丽华

出版发行：化学工业出版社（北京市东城区青年湖南街 13 号　邮政编码 100011）
印　　刷：北京京华铭诚工贸有限公司
装　　订：三河市振勇印装有限公司
850mm×1168mm　1/32　印张 6½　字数 173 千字
2019 年 7 月北京第 1 版第 1 次印刷

购书咨询：010-64518888　　　　　　售后服务：010-64518899
网　　址：http://www.cip.com.cn
凡购买本书，如有缺损质量问题，本社销售中心负责调换。

定　　价：49.00 元　　　　　　　　　　版权所有　违者必究

前言 FOREWORD

随着科学技术的发展，电力行业在人类的生产、生活、科研等领域起到越来越重要的作用。现有的电力资源不能完全满足人类日益增长的生产、生活需要；而且地球留给人类的资源也是有限的。太阳能、风能作为清洁能源越来越受到人们的重视。

如果按照常规分别设计太阳能或风能照明系统，其系统变换效率低，经济效益差。因此，目前都是将太阳能、风能两种发电技术进行互补，产生了风光互补照明系统。

LED 的工作电压是直流，电压较低。当利用常规供电系统作为 LED 的电源时，必须将电源转变成低压、直流电才能使用。这不仅增加了照明系统成本，同时又降低了能源的利用率。太阳能板（电池）直接将光能转化为直流电能，且太阳能电池组件可以通过串、并联的方式任意组合，得到实际需要的电压。这些特点恰恰是与 LED 相匹配而传统供电系统所无法达到的。如果将太阳能电池与 LED 相结合，将不需要任何的逆变器进行交、直流或高、低压电的转换。这种系统将获得很高的能源利用率、较高的安全性能和可靠性。所以，利用清洁的、取之不尽、用之不竭的太阳能为能源，与功耗低、寿命长、光效高、反应速度快、环保的 LED 相结合，将在直流低压条件下实现节能、环保、安全、高效的照明系统。LED 作为新型固态绿色光源与风光互补发电技术结合应用于路灯领域，是可再生能源与高新固态绿色光源的结合，与其他电能变换技术和照明技术相比，更加符合产业政策及市场推广应用。

本书结合我国节能减排工程计划和国内外风光互补 LED 照明系统的发展动态，系统地讲解了风光互补 LED 照明系统设计、施工、安装、调试及应用。本书主要内容包括太阳能、风能、风光互补 LED 照明系统的设计相关的基础知识，太阳能 LED 路灯、景观灯的应用。同时也深入浅出地阐述了太阳能板、风力发电机、蓄电池、风光互补控制器、LED 光源、LED 电源驱动技术等。

　　本书由刘祖明、丁向荣、张安若编写，刘祖明编写了第 1～4 章，丁向荣编写了第 5、6 章，张安若编写了第 7、8 章，参加本书资料收集工作的还有刘文沁、钟柳青、钟勇、祝建孙、刘国柱、刘艳生、刘艳明、邱寿华等。

　　本书的所有实例都经过编著者的实际设计应用，但由于风光互补 LED 照明系统设计涉及面广，实用性强，加之编著者水平有限，书中不足之处在所难免，敬请广大读者批评指正。

编著者

CONTENTS <<< 目录

CHAPTER **1**

第1章 >>>

风光互补 LED 照明系统基础

>1.1 风能基础知识

地球表面大量空气流动所产生的动能称为风能。空气流速越高，动能越大。由于地面各处受太阳辐照后气温变化及空气中水蒸气的含量不同，从而使各地的气压产生差异，在水平方向高压空气向低压地区流动，即形成风。

(1) 风能的特点

风能是天然能源，与其他能源相比，具有如下特点：

① 蕴藏量丰富。全球大气中总的风能储量约为 3.8×10^{16} kW·h，其中蕴藏的可被开发的风能约有 4.3×10^{12} kW·h，这比世界上可利用的水能约大 10 倍。我国仅陆地上就有风能资源大约 1.6×10^{9} kW·h。

② 可以再生，永不枯竭。风能是太阳能的变异，只要太阳和地球存在，就有风能，是可再生的能源，是一种取之不尽，用之不

竭的能源。

③ 清洁无污染，随处都可开发利用。煤、石油、天然气的使用会给人类生活环境造成极大污染和破坏，危害人类健康。风能开发利用越多，空气中的飘尘和降尘会越少。风能也不存在开采和运输问题，无论何地都可建立风电站，就地开发，就地利用。

④ 随机统计性。风能从微观上来看是随机的，具有不可控特性。从宏观上来看，风能还是具有一定的统计规律特性的，在一定程度上又是可以预测和利用的。

风不仅能量是很大的，在自然界中所起的作用也是很大的。风可以使山岩发生侵蚀，形成沙漠，进而形成风海流，也可以输送水分，水汽主要是由强大的空气流输送的，从气象学上讲影响了气候变化，造成雨季和旱季。合理利用风能，既可减少环境污染，又可减轻越来越大的能源短缺的压力。全世界每年燃烧煤炭得到的能量，还不到风力在同一时间内所提供给我们的能量的 1%。由此可见，风能是地球上重要的能源之一。

(2) 我国风能源分布

我国风能资源十分丰富，全国的风能总储量约为 $3.23 \times 10^9 \text{kW} \cdot \text{h}$，可开发利用的风能资源总量达 $2.53 \times 10^8 \text{kW} \cdot \text{h}$。我国位于亚洲大陆东部，濒临太平洋，季风强盛，内陆还有许多山系，地形复杂，加之青藏高原耸立在我国西部，改变了海陆影响所引起的气压分布和大气环流，增加了我国季风的复杂性。冬季风来自西伯利亚和蒙古等中高纬度的内陆，因空气十分严寒，干燥冷空气积累到一定程度，在有利高空环流引导下，就会爆发南下，俗称寒潮，在此频频南下的强冷空气的控制和影响下，形成寒冷干燥的西北风侵袭我国北方。每年冬季总有多次大幅度降温的强冷空气南下，主要影响我国西北、东北和华北，直到次年春夏之交才消失。夏季风是来自太平洋的东南风、来自印度洋和南海的西南风，东南季风影响遍及我国东半壁，西南季风则影响西南各省和南部沿海，但风速远不及东南季风大。热带风暴是太平洋西部和南海热带海洋上形成的空气涡旋，是破坏力极大的海洋风暴，每年夏秋两季频繁侵袭我国，登陆我国南海之滨和东南沿海，热带风暴也能在上海以北登陆，但次数很少。

说明：青藏高原地势高且开阔，冬季东南部盛行偏南风，东北部多为东北风，其他地区一般为偏西风，夏季大约以唐古拉山为界，以南盛行东南风，以北为东风或东北风。

我国幅员辽阔，陆疆总长达 2 万多公里，还有 18000 多公里的海岸线，边缘海中有岛屿 5000 多个，风能资源丰富。我国现有风电场场址的年平均风速均达到 6m/s 以上。这些地区在全国范围内仅仅限于较少数几个地带，大约仅占全国总面积的 1/100，主要分布在长江到南澳岛之间的东南沿海及其岛屿，是我国最大的风能资源区以及风能资源丰富区，包括山东半岛、辽东半岛、黄海之滨、南澳岛以西的南海沿海、海南岛和南海诸岛，内蒙古从阴山山脉以北到大兴安岭以北，新疆达坂城，阿拉山口，河西走廊，松花江下游，张家口北部等地区以及分布各地的高山山口和山顶。

说明：一般将风电场风况分为三类：年平均风速 6m/s 以上时为较好；7m/s 以上为好；8m/s 以上为很好。全国风能资源划分为 4 个大区、30 个小区。

① 风能丰富区（"Ⅰ"区）：年平均有效风能密度大于 200W/m^2、3～20m/s 风速的年累积小时数大于 5000h。

② 风能较丰富区（"Ⅱ"区）：150～200W/m^2、3～20m/s 风速的年累积小时数为 3000～5000h。

③ 风能可利用区（"Ⅲ"区）：50～150W/m^2、3～20m/s 风速的年累积小时数为 2000～3000h。

④ 风能贫乏区（"Ⅳ"区）：50W/m^2 以下、3～20m/s 风速的年累积小时数在 2000h 以下。

我国东南沿海及其附近岛屿是风能资源丰富地区，有效风能密度大于或等于 200W/m^2 的等值线平行于海岸线；沿海岛屿有效风能密度在 300W/m^2 以上，全年中风速大于或等于 3m/s 的时数为 7000～8000h，大于或等于 6m/s 的时数为 4000h。

新疆北部、内蒙古、甘肃北部也是中国风能资源丰富地区，有效风能密度为 $200\sim300\mathrm{W/m^2}$，全年中风速大于或等于 3m/s 的时数为 5000h 以上，全年中风速大于或等于 6m/s 的时数为 3000h 以上。

黑龙江、吉林东部、河北北部及辽东半岛的风能资源也较好，有效风能密度在 $200\mathrm{W/m^2}$ 以上，全年中风速大于或等于 3m/s 的时数为 5000h，全年中风速大于或等于 6m/s 的时数为 3000h。

青藏高原北部有效风能密度在 $150\sim200\mathrm{W/m^2}$ 之间，全年风速大于或等于 3m/s 的时数为 $4000\sim5000\mathrm{h}$，全年风速大于或等于 6m/s 的时数为 3000h；但青藏高原海拔高、空气密度小，所以有效风能密度也较低。

云贵川、甘肃、陕西南部、河南、湖南西部、福建、广东、广西的山区及新疆塔里木盆地和西藏的雅鲁藏布江，为风能资源贫乏地区，有效风能密度在 $50\mathrm{W/m^2}$ 以下，全年中风速大于或等于 3m/s 的时数在 2000h 以下，全年中风速大于或等于 6m/s 的时数在 150h 以下，风能潜力很低。

说明：我国最大风能资源区为东南沿海及其岛屿，其次为内蒙古和甘肃北部。

(3) 风能的应用

① 风力提水。风力提水自古至今一直得到较普遍的应用。至 20 世纪下半叶时，为解决农村、牧场的生活、灌溉和牲畜用水以及为了节约能源，风力提水机有了很大的发展。现代风力提水机主要有高扬程小流量及低扬程大流量两种，前者主要用于草原、牧区，为人畜提供饮水；后者主要用于农田灌溉、水产养殖或海水制盐。

② 风力发电。利用风力发电已越来越成为风能利用的主要形式，受到世界各国的高度重视，而且发展速度最快。其独立运行方式是指一台小型风力发电机向一户或几户提供电力，用蓄电池蓄能，以保证无风时的用电。

③ 风帆助航。在机动船舶发展的今天，为节约燃油和提高航速，古老的风帆助航也得到了发展。通过电脑控制的风帆助航，最

高的节油率达到 15%。

④ 风力致热。随着人民生活水平的提高，热能的需求量越来越大，特别是在高纬度的欧洲、北美等国家，是耗能大户。为解决家庭及生产工业热能的需要，风力致热有了较大的发展。

（4）风能的一些主要特性参数

① 风能。空气运动产生的动能称为"风能"。

② 风能密度。单位时间内通过单位截面积的风能。

③ 风速与风级。风速就是空气在单位时间内移动的距离，国际上的单位是 m/s 或 km/h，分 13 级。

④ 风向与风频。通常把风吹来的地平方向定为风的方向，即风向。风频是指风向的频率，即在一定时间内某风向出现的次数占各风向出现总次数的百分比。

⑤ 风的测量。风的测量仪器主要有风向器、杯形风速器和三杯轻便风向风速表等。

说明： 风具有一定的质量和速度。

1.2 太阳能基础知识

太阳能是指太阳光的辐射能量，目前一般用于发电。太阳能是新兴的可再生能源。太阳能的利用有被动式利用（光热转换）和光电转换两种方式。

太阳的质量很大，在太阳自身的重力作用下，太阳物质向核心聚集，核心中心的密度和温度很高，使得能够发生原子核反应。核反应所产生的能量连续不断地向空间辐射，并且控制着太阳的活动。根据有关的资料表明太阳从中心到边缘可分为核反应区、辐射区、对流区和太阳大气。

① 核反应区。太阳半径（R）25%（即 $0.25R$）的区域内是

太阳的核心，集中了太阳一半以上的质量。此处温度大约1500万开尔文（K），压力约为2500亿大气压（1atm＝101325Pa），密度接近158g/cm³，产生的能量占太阳产生的总能量的99％，并以对流和辐射方式向外辐射。

② 辐射区。辐射区在核反应区的外面，范围为$0.25\sim0.8R$，温度下降到13万度，密度下降为0.079g/cm³。在太阳核心产生的能量通过这个区域由辐射传输出去。

③ 对流区。对流区（对流层）在辐射区的外面，范围为$0.8\sim1.0R$，温度下降为5000K，密度为10^{-8}g/cm³。在对流区内，能量主要靠对流传播。

④ 太阳大气。可分为光球、色球、日冕等层次，各层次的物理性质有明显区别。太阳大气的最底层称为光球，太阳的全部光能几乎全从这个层次发出。太阳的连续光谱基本上就是光球的光谱，太阳光谱内的吸收线基本上也是在这一层内形成的。光球的厚度约为500km。色球是太阳大气的中层，是光球向外的延伸，一直可延伸到几千千米的高度。太阳大气的最外层称为日冕，日冕是极端稀薄的气体壳，可以延伸到几个太阳半径之远的地方。严格来说太阳大气的分层仅有形式上的意义，实际上各层之间并不存在着明显的界限，其温度、密度随着高度是连续改变的。

(1) 我国太阳能资源

在我国，西藏西部太阳能资源最丰富，最高达2333kW·h/m²（日辐射量6.4kW·h/m²），居世界第二位，仅次于撒哈拉沙漠。根据我国各地接受太阳总辐射量的多少，可将全国划分为五类地区。

① 一类地区。太阳能资源最丰富的地区，包括宁夏北部、甘肃北部、新疆东部、青海西部和西藏西部等地。年太阳辐射总量6680～8400MJ/m²，相当于日辐射量5.1～6.4kW·h/m²。尤以西藏西部最为丰富，最高达2333kW·h/m²（日辐射量6.4kW·h/m²），居世界第二位，仅次于撒哈拉沙漠。

② 二类地区。太阳能资源较丰富地区，包括河北西北部、山

西北部、内蒙古南部、宁夏南部、甘肃中部、青海东部、西藏东南部和新疆南部等地。年太阳辐射总量 5850~6680MJ/m²，相当于日辐射量 4.5~5.1kW·h/m²。

③ 三类地区。太阳能资源中等类型地区，主要包括山东、河南、河北东南部、山西南部、新疆北部、吉林、辽宁、云南、陕西北部、甘肃东南部、广东南部、福建南部、苏北、皖北、台湾西南部等地。年太阳辐射总量 5000~5850MJ/m²，相当于日辐射量 3.8~4.5kW·h/m²。

④ 四类地区。太阳能资源较差地区，包括湖南、湖北、广西、江西、浙江、福建北部、广东北部、陕西南部、江苏北部、安徽南部以及黑龙江、台湾东北部等地。年太阳辐射总量 4200~5000MJ/m²，相当于日辐射量 3.2~3.8kW·h/m²。

⑤ 五类地区。太阳能资源最少的地区，主要包括四川、贵州两省，年太阳辐射总量 3350~4200MJ/m²，相当于日辐射量只有 2.5~3.2kW·h/m²。

说明： 太阳能辐射数据可以从县级气象台站取得，也可以从国家气象局取得。从气象局取得的数据是水平面的辐射数据，包括：水平面总辐射、水平面直接辐射和水平面散射辐射。相关标准如下。

GB/T 33677—2017《太阳能资源等级 直接辐射》。

GB/T 33698—2017《太阳能资源测量 直接辐射》。

GB/T 33699—2017《太阳能资源测量 散射辐射》。

(2) 太阳能的优缺点

太阳能的优点如下。

① 普遍。太阳光没有地域的限制，无论陆地或海洋，无论高山或岛屿，处处皆有，可直接开发和利用，且无须开采和运输。

② 无害。太阳能是最清洁能源之一，在环境污染越来越严重的今天，是极其宝贵的。

③ 巨大。太阳辐射到地球表面上的太阳能约相当于 130 万亿吨煤，其总量属现今世界上可以开发的最大能源。

④ 长久。根据目前太阳产生的核能速率估算，氢的储量足够

维持上百亿年，而地球的寿命也约为几十亿年，因此可以说太阳的能量是用之不竭的。

太阳能的缺点如下。

① 分散性。太阳辐射的地球表面总量尽管很大，但是能流密度很低。在北回归线附近，夏季在天气较为晴朗的情况下，正午时太阳辐射的辐照度最大，在垂直于太阳光方向 $1m^2$ 面积上接收到的太阳能平均有 1000W 左右；若按全年日夜平均，则只有 200W 左右。而在冬季大致只有一半，阴天一般只有 1/5 左右。

说明：利用太阳能时，想要得到一定的转换功率，往往需要面积相当大的一套收集和转换设备，造价较高。

② 不稳定性。受到昼夜、季节、地理纬度和海拔高度等自然条件的限制以及晴、阴、云、雨等随机因素的影响，到达某一地面的太阳辐照度既是间断的，又是极不稳定的，给大规模应用增加了难度。

说明：为了使太阳能成为连续、稳定的能源，就必须很好地解决蓄能问题，即把晴朗白天的太阳辐射能尽量储存起来，以供夜间或阴雨天使用。

③ 效率低和成本高。目前太阳能利用的发展水平，在理论上是可行的，技术上也是成熟的。但是太阳能利用装置效率偏低，成本较高，经济性还不能与常规能源相竞争。在今后相当长一段时期内，进一步发展太阳能，受到经济性的制约。

(3) 太阳能分类

太阳能分为太阳能光伏与太阳能光热两种。

① 太阳能光伏。光伏板组件是一种暴露在阳光下便会产生直流电的发电装置，由几乎全部以半导体材料制成的固体光伏电池组成。由于没有活动的部分，故可以长时间操作而不会导致任何损耗。光伏板组件可以制成不同形状，而组件又可连接，以产生更多电能。

② 太阳能光热。利用现代科技将阳光聚合，并运用其能量产生热水、蒸汽和电力。除了运用适当的技术来收集太阳能外，建筑物亦可利用太阳的光和热能，方法是在设计时加入能吸收及慢慢释

放太阳热力的建筑材料。

(4) 太阳能的应用

① 光热应用。其基本原理是将太阳辐射能收集起来，通过与物质的相互作用转换成热能加以利用。目前使用最多的太阳能收集装置，主要有平板型集热器、真空管集热器、陶瓷太阳能集热器和聚焦集热器4种。通常根据所能达到的温度和用途的不同，太阳能光热利用分为低温利用（<200℃）、中温利用（200~800℃）和高温利用（>800℃）。主要产品有太阳能热水器、太阳能干燥器、太阳能蒸馏器、太阳房、太阳能温室、太阳能空调制冷系统、太阳灶、太阳能热发电聚光集热装置等。

② 太阳能发电。大规模利用太阳能发电。太阳能发电的方式主要有以下两种。

光-热-电转换就是利用太阳辐射所产生的热能发电。一般是用太阳能集热器将所吸收的热能转换为工质的蒸汽，然后由蒸汽驱动汽轮机带动发电机发电。

光-电转换。其基本原理是利用光生伏打效应将太阳辐射能直接转换为电能，基本装置是太阳能电池。

③ 光化应用。利用太阳辐射能直接分解水制氢的光-化学转换方式。它包括光合作用、光电化学作用、光敏化学作用及光分解反应。

④ 光生物应用。通过植物的光合作用来实现将太阳能转换为生物质的过程。目前主要有速生植物、油料作物和巨型海藻。

1.3 风光互补 LED 照明系统简介

能源是国民经济发展和人民生活必需的重要物质基础。200多年来，人类在使用化石燃料的同时，也带来了严重的环境污染和生态系统破坏。人类进入 21 世纪后，世界各国充分认识到能源对人类的重要性，把可再生、无污染的新能源的开发利用作为可持续发展的重要内容。风光互补发电系统是利用风能和太阳能资源的互补性，配合 LED 照明系统，具有良好的应用前景。

风光互补 LED 照明系统利用风、光这两种自然资源，互为补充，为 LED 照明系统提供充足的电能保障，具有广泛的利用推广价值。风光互补 LED 照明系统不仅不需要挖坑埋线，也不需要输变电设备、不消耗市电、安装简单、维护方便、无高压触电危险等，更符合目前节能减排的形势，是未来照明系统的发展方向。

小型风能产业发展目标是质量好、经久耐用、可靠性好，同时也要建立完善的检测认证制度。小型风能产品采用"风光互补"，白天利用阳光进行太阳能发电，在既有风又有太阳的情况下，两者同时发挥作用，实现了全天候的发电功能，要资源互补才能有出路。

说明：风光互补 LED 路灯是一种将风力发电机、太阳能电池板（太阳能板）与 LED 路灯相结合的新型道路照明灯具，具有相当高的技术性。风光互补照明系统利用风力发电机与太阳能电池板相结合，将风能和太阳能转化为电能，储存在蓄电池内给 LED 照明灯具供电。

风光互补 LED 照明系统其实就是一套小型的风光发电系统，该系统就是利用太阳能电池方阵、风力发电机将发出的电能存储到蓄电池组中，当用户需要用电时，将蓄电池组中储存的电能通过输电线路送到负载处（LED 照明灯具或其他供电系统）。

风光互补 LED 照明系统主要由风力发电机、太阳能电池板、风光互补控制器、蓄电池、LED 灯具、电缆及支撑和辅助件等组成，如图 1-1 所示。白天，电池组件吸收太阳能，风力发电机吸收风能，同时向蓄电池组供电；夜晚，风力发电机和蓄电池给光源供电。

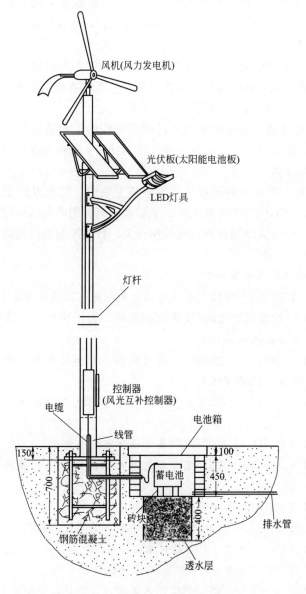

风机(风力发电机)

光伏板(太阳能电池板)

LED灯具

灯杆

控制器
(风光互补控制器)

电缆

电池箱

线管

蓄电池

150

100

700

450

砖块

400

钢筋混凝土

排水管

透水层

图 1-1　风光互补 LED 照明系统

① 风力发电机以自然风作为动力，风轮吸收风的能量，驱动风轮及风力发电机旋转，将风能转换为电能，通过控制设备储存进蓄电池组。

② 太阳能电池板是通过吸收太阳光，将太阳辐射能通过光电效应或者光化学效应直接或间接转换成电能的装置，大部分太阳能电池板的主要材料为"硅"。

③ 蓄电池是将化学能直接转化成电能的一种装置，是按可再充电要求设计的电池，通过可逆的化学反应实现再充电，通常是指铅酸蓄电池。

④ 风光互补控制器在风力发电机发电时，将所发的交流电整流变换为直流电对蓄电池充电；太阳能电池利用所发的电能对蓄电池充电；通过太阳能板的电压控制开关，智能控制亮灯时间及发光状态。

说明：相关标准如下。

GB/T 29320—2012《光伏电站太阳跟踪系统技术要求》。

GB/T 20321.1—2006《离网型风能、太阳能发电系统用逆变器 第1部分：技术条件》。

GB/T 20321.2—2006《离网型风能、太阳能发电系统用逆变器 第2部分：试验方法》。

GB/T 30427—2013《并网光伏发电专用逆变器技术要求和试验方法》。

GB/T 32512—2016《光伏发电站防雷技术要求》。

GB/T 30153—2013《光伏发电站太阳能资源实时监测技术要求》。

GB/T 50797—2012《光伏发电站设计规范》。

GB/T 29321—2012《光伏发电站无功补偿技术规范》。

GB 50794—2012《光伏发电站施工规范》。

GB 50797—2012《光伏发电站设计规范》。

GB/T 50795—2012《光伏发电工程施工组织设计规范》。

GB/T 50796—2012《光伏发电工程验收规范》。

SN/T 3326.9—2016《进出口照明器具检验技术要求 第9部分：太阳能光伏照明装置》。

SN/T 4385—2015《进出口发电设备检验技术要求 输出功率小于100千瓦的离网式太阳能发电系统》。

（1）风光互补 LED 路灯系统简介

风光互补 LED 路灯系统主要由太阳能电池板、风力发电机、风光互补系统控制器、储能装置（蓄电池）和 LED 灯具等组成，如图 1-2 所示。

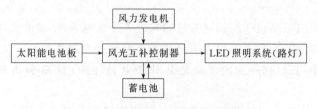

图 1-2　风光互补 LED 路灯系统

风光互补 LED 路灯直流供电系统原理图如图 1-3 所示。风力发电机和太阳能电池板通过风光互补控制器给蓄电池充电，然后由风光互补控制器智能控制直流路灯开启、关闭，直流路灯内部安装了 DC-DC 恒流源。

图 1-3　风光互补 LED 路灯直流供电系统原理图

说明： 相关标准如下。

DB15/T 845—2015《内蒙古高速公路监控风光互补供电系统设计规范》。

DB15/T 846—2015《内蒙古高速公路监控风光互补供电系统安装维护操作规程》。

DB15/T 847—2015《内蒙古高速公路全程监控风光互补供电系统验收规范》。

DB44/T 1499—2014《小型风光互补发电系统控制器》。

DB44/T 1642—2015《风光互补 LED 路灯》。

GB/T 19115.1—2003《离网型户用风光互补发电系统 第 1 部分：技术条件》。

GB/T 19115.2—2003《离网型户用风光互补发电系统 第 2 部分：试验方法》。

GB/T 25382—2010《离网型风光互补发电系统 运行验收规范》。

GB/T 29544—2013《离网型风光互补发电系统 安全要求》。

NB/T 34002—2011《农村风光互补室外照明装置》。

QB/T 4146—2010《风光互补供电的 LED 道路和街路照明装置》。

风光互补 LED 路灯交流供电系统原理图如图 1-4 所示。风力发电机和太阳能电池板通过控制/逆变器给蓄电池充电，然后由路灯控制器控制 220V 交流路灯开启、关闭。路灯工作电压为 AC 220V。

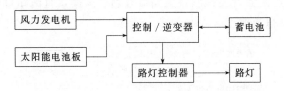

图 1-4 风光互补 LED 路灯交流供电系统原理图

① 利用风力发电机将风能转换为机械能，通过控制器对蓄电池充电，经过逆变器对负载供电。

② 利用太阳能电池板的光伏效应将光能转换为电能，对蓄电池充电。

③ 逆变系统把蓄电池中的直流电变成标准的交流电 AC 220V，保证交流电负载设备的正常使用，具有自动稳压功能。

④ 控制系统根据日照强度、风力大小及负载的变化，对蓄电池组的工作状态进行切换和调节，当发电量不能满足负载需要时，控制器把蓄电池的电能送往负载，保证工作的连续性和稳定性。

⑤ 蓄电池部分由多块蓄电池组成，将风力发电和光伏发电输出的电能转化为化学能储存起来，以备供电不足时使用。

风光互补 LED 路灯市电互补供电系统原理图如图 1-5 所示。当风力发电机和太阳能电池板正常充电，蓄电池电压达到正常时，市电 220V 交流电是不接通的；当风力发电机和太阳能电池板不工作或达不到给蓄电池充电所需的正常工作电压时，由控制/逆变器判断，市电通过自动转换给路灯控制器，由市电为路灯提供电力。路灯工作电压为 AC 220V。

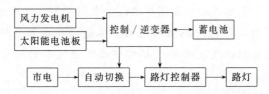

图 1-5　风光互补 LED 路灯市电互补供电系统原理图

说明：同一位置风速大，太阳能就会差，太阳能大的时候，风速相对会小，可以利用风能和光能的互补性，对小型供电项目采用风光互补模式。工作时将风机发的电能与太阳能光伏板发的电能通过控制器储存在蓄电池中，再通过控制器在工作时释放出来，这样可以提供稳定的电能。

(2) 风光互补发电站

风光互补发电站采用风光互补发电系统，主要由风力发电机、太阳能电池方阵、智能控制器、蓄电池组、多功能逆变器、电缆及支撑和辅助件等组成，如图 1-6 所示。夜间和阴雨天时由风能发电，晴天由太阳能发电，在晴天有风情况下两者同时发挥作用，实现了全天候的发电，适用于山区、林区、牧区、铁路、石油、部队边防哨所、通信中继站、公路和铁路信号站、地质勘探和野外考察工作站及其他用电不便地区。

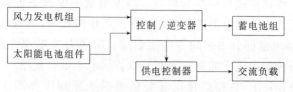

图 1-6 风光互补发电系统

风光互补发电系统分为小型风光互补发电系统与大型风光互补发电系统：小型风光互补发电系统常在家庭中使用，是离网的发电系统；大型风光互补发电系统由国家或相关的大公司投资建设，是并网的发电系统。

说明： 逆变器又称电源调整器、功率调节器，光伏逆变器最主要的功能是把太阳能电池板所发的直流电转化成家电使用的交流电，太阳能电池板所发的电全部都要通过逆变器的处理才能对外输出。

(3) 太阳能发电站

分布式太阳能发电特指采用光伏组件，将太阳能直接转换为电能的分布式太阳能发电系统。太阳能发电站由太阳能电池组件、控制器、蓄电池、逆变器、负载等组成。太阳能电池组件与蓄电池组成电源系统，控制器和逆变器为控制保护系统，负载为系统终端。逆变器还具有自动稳压功能，可改善光伏发电系统的供电质量。大型太阳能发电站在此不做介绍，下面主要介绍家居太阳能发电站。

家用供电系统是专为太阳能独立供电设计的一体机，该系统已将蓄电池及各种控制器、逆变器、输出接口设计为一体机箱。其兼容性好，性能稳定，光电转化效率高，安全可靠，安装简单，是一款优质的太阳能独立供电产品。家用太阳能系统外形如图 1-7 所示。家用供电系统由太阳能电池板、太阳电池方阵支架、太阳能控制器、直流转换器（可选）、蓄电池组等组成。

图 1-7　家用太阳能系统外形

分布式太阳能发电通常是指利用分散式资源，装机规模较小的、布置在用户附近的太阳能发电系统，使用时接入低于 35kV 或更低电压等级的电网。必须接入公共电网，与公共电网一起为附近的用户供电。

300W 太阳能发电系统由 50W 太阳能板，12V、24A·h 电池，机箱，控制器，逆变器组成，逆变器采用 12V、300W 正弦波高频高效逆变器，控制器采用 12V、30A 控制器，系统预留有外接电池接口。

太阳能光伏发电是通过太阳能电池板的发电效应将太阳能转化为直流电能并储存。太阳能供电系统由太阳能电池组建构成的太阳能电池方阵、太阳能充放电控制器、蓄电池组、直流负载、逆变器、交流负载等组成。

太阳能电池方阵在有光照的情况下将太阳能转换为电能，通过太阳能充放电控制器给负载供电，同时给蓄电池组充电；在无光照时，通过太阳能充放电控制器由蓄电池组给负载供电。

并网电站主要由太阳能并网逆变器、太阳能板、太阳能安装支架及电缆组成，太阳能并网逆变器采用无变压器设计，最高效率达到 97.5%，适合于家庭并网发电或小型光伏电站。其集成 RS485/RS232 通信接口，通过 PC 软件实现远程监控系统运行和维护。

说明：在太阳能光伏发电系统中，为了减少太阳能光伏电池阵列与逆变器之间的连线使用到了汇流箱。太阳能光伏电池阵列输出引线在光伏防雷汇流箱内汇流后，通过控制器、直流配电柜、光伏逆变器、交流配电柜配套使用，从而构成完整的光伏发电系统，实现与市电并网。

风光油互补发电系统是以风、光发电为主，柴油发电为辅，给负载供电，并将多余电能储存进蓄电池。蓄电池储能系统提供的电能可维持负载稳定工作。风光油互补发电系统分为海岛风光油互补发电系统、通信基站风光油互补发电系统、小型雷达站风光油互补发电系统、自动气象站风光油互补发电系统等。

说明：相关标准如下。

GB 24460—2009《太阳能光伏照明装置总技术规范》。

GB/T 26849—2011《太阳能光伏照明用电子控制装置 性能要求》。

NY/T 1913—2010《农村太阳能光伏室外照明装置 第1部分：技术要求》。

NY/T 1914—2010《农村太阳能光伏室外照明装置 第2部分：安装规范》。

太阳能市电互补路灯应用于城乡道路、高速公路、桥梁、公园、景区、工业区、广场等场所的照明。其系统主要由光伏组件、太阳能市电互补路灯控制器、蓄电池、开关电源和LED灯具等组成。太阳能市电互补路灯系统图如图1-8所示。当蓄电池电量不足时控制器控制切换到市电，通过AC-DC开关电源为用电设备供电，既节约了市电的消耗，又有效地弥补了光伏发电供电保障率低的缺点。

（4）常用的太阳能LED灯具

① 太阳能LED草坪灯　太阳能LED草坪灯由太阳能电池组件、LED光源、免维护可充电蓄电池、太阳能控制电路等组成，适用于住宅社区、公园绿草地美化照明点缀。太阳能LED草坪灯

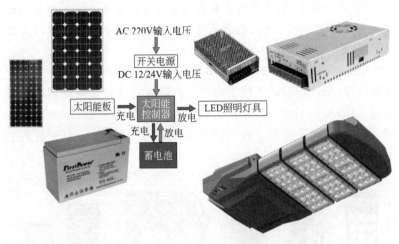

图 1-8　太阳能市电互补路灯系统图

外形如图 1-9 所示。

图 1-9　太阳能 LED 草坪灯外形

说明：

① 太阳能 LED 草坪灯应具有蓄电池过充电、过放电保护功能，停止充电时，蓄电池电压不应高于过充终止电压。停止放电时，蓄电池电压不应低于过放终止电压。

② 当蓄电池过放电保护后，电压回升到终止电压控制点，不会自动启动放电功能，须恢复至大于终止电压的 1.07 倍（以不产生振荡开关现象）时开始供电。

③ 太阳能 LED 草坪灯控制器应具有防止蓄电池向太阳电池组件放电的保护功能。同时也能承受负载短路的保护功能，短路发生后，系统不应发生损坏。

② 太阳能 LED 壁灯　太阳能 LED 壁灯采用进口多晶硅太阳能板，NI-MH 电池，适用于别墅、庭院楼梯及过道辅助照明。太阳能 LED 壁灯只需安装在白天能照到太阳光的地方，开关打开自动工作，一般充电 6h，晚上能亮 6h 左右。太阳能 LED 壁灯外形如图 1-10 所示。

图 1-10　太阳能 LED 壁灯外形

③ 太阳能 LED 庭院灯　太阳能 LED 庭院灯以太阳辐射能为能源，LED 为光源。白天利用太阳能电池板给蓄电池充电，晚上蓄电池放电给 LED 光源使用。它主要应用于园区道路、商住小区、公园、旅游景区、广场等照明及装饰场合。太阳能 LED 庭院灯外形如图 1-11 所示。

太阳能 LED 庭院灯充电及开/关过程采用智能控制，光控自动开关，不需要人工操作，工作稳定可靠，节省电费，免维护。

④ 太阳能 LED 杀虫灯　太阳能 LED 杀虫灯利用害虫的趋光特性（诱集光源波长应覆盖 320～680nm 的频谱段），自动亮起来的灯管就成为稻田、玉米地、蔬菜地里诱杀害虫的猎手，庄稼地里的害虫会因为触及灯管周围的高压电网而毙命。太阳能 LED 杀虫灯工作时，白天通过灯顶部太阳能板将太阳能转化为电能，并储存在蓄电池里，到了晚上，蓄电池放电给太阳能 LED 杀虫灯供电。它广泛用于农、林、蔬菜、烟草、仓储、酒业酿造、园林、果园、城镇绿化、水产养殖等。太阳能 LED 杀虫灯外形如图 1-12 所示。

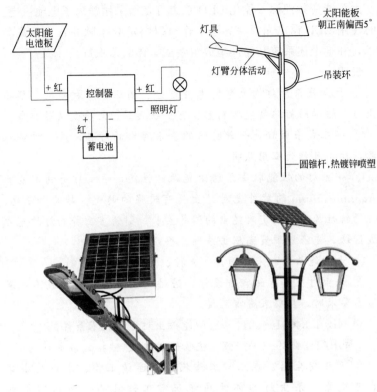

太阳能
电池板

控制器

+ 红

− 红

+ 红

照明灯

蓄电池

太阳能板
朝正南偏西5°

灯具

灯臂分体活动

吊装环

圆锥杆, 热镀锌喷塑

图 1-11　太阳能 LED 庭院灯外形

图 1-12　太阳能 LED 杀虫灯外形

太阳能变频锂源一体化LED杀虫灯是指采用锂离子电池供电，同时使用LED诱虫光源、光源工作时以特定频率脉冲发光等高新技术，并把上述系统和器件集成组装成一体的杀虫灯。

说明：

① 太阳能杀虫灯由太阳能电源部分、高压脉冲放电网、频振诱虫灯、避雨防短路智能控制器、害虫收集器、灯杆支架等组成。

② 频振式杀虫灯是一种特殊的诱杀害虫的灯具，是一种特殊光源，切不可作为家用照明。

③ 杀虫灯的性能取决于诱虫光源的性能，杀虫灯是利用波长为365nm±50nm的紫外光对昆虫具有较强的趋光、趋波、趋色、趋性的特性原理，确定对昆虫的诱导波长，引诱害虫扑向灯的光源附近区域，光源外配置高压击杀网，杀死害虫。

④ 太阳能杀虫灯采用雨控、光控、定时（8h）控制。

⑤ 杀虫灯应具有防雷击设计，若结构设计和安装方式不能满足防雷要求时，应安装避雷装置。

⑥ NB/T 34001—2011《太阳能杀虫灯通用技术条件》。

⑦ GB/T 24689.2—2017《植物保护机械 频振式杀虫灯》。

⑧ 高压发生器应在正常工作状态下连续工作，不产生击穿和烧毁现象。杀虫灯各部件应能正常工作且高压输出不得低于2.1kV。

⑤ 太阳能监控系统　太阳能监控系统采用太阳能发电，可以解决环境监测、森林防火、高速公路监控设备供电问题。太阳能供电既不消耗资源又无污染排放，使用寿命长，性能稳定，维护费用较低。

⑥ 太阳能气象站　太阳能气象站是集气象数据采集、存储、传输和管理于一体的无人值守的气象采集系统，用于测量气温、相对湿度、照度、雨量、风速、风向、气压等基本气象要素。

说明：相关标准如下。

DB34/T 2505—2015《太阳能光伏草坪灯》。

DB35/T 1090—2011《太阳能光伏移动充电系统技术要求》。

DB35/T 852—2008《太阳能光伏照明灯具技术要求》。

DB36/T 653—2012《太阳能 LED 路灯》。

DB37/T 1181—2009《太阳能 LED 灯具通用技术条件》。

DB43/T 443—2009《太阳能诱虫杀虫灯》。

DB44/T 1041—2012《太阳能庭院灯设计规范》。

DB53/T 576.1—2014《太阳能照明系统 第 1 部分：配置与设计》。

DB53/T 576.2—2014《太阳能照明系统 第 2 部分：施工与验收》。

⑦ 太阳能应急充电移动电源　太阳能应急充电移动电源是专为手机、PSP、MP3、MP4 等数码产品而设计制造的小型充电器；配有 LED 进行剩余电量及工作状态指示灯，用户可准确掌握电池电量状态。

说明：太阳能充电只是一种应急充电方式，太阳能电池板充电效率受到昼夜、季节、地理纬度和海拔高度等自然条件的限制以及晴、阴、云、雨等随机因素的影响。

第2章 >>>

太阳能电池

>2.1 太阳能电池的发展

1839 年，法国科学家亚利山大·柏克勒尔发现液体的光生伏特效应（光伏现象），到目前为止，太阳能电池已经发展一百多年。

太阳能电池是以半导体材料为基础的一种具有能量转换功能的半导体器件。我国太阳能电池发展史如下。

1958 年，我国开始研制太阳能电池。

1959 年，中国科学院半导体研究所成功研制出第一片具有实用价值的太阳能电池。

1971 年 3 月，在我国发射的第二颗人造卫星首次应用由天津电源研究所研制的太阳能电池。

1973 年，在天津港的海面航标灯上首次应用太阳能电池，太阳能电池由天津电源研究所研制，功率为 14.7W。

1979 年，我国开始利用半导体工业废次硅材料，进行单晶硅太阳能电池的生产。

1980～1990 年，引进国外太阳能电池关键设备、成套生产线和技术，建立单晶硅电池生产企业。

到 20 世纪 80 年代后期，我国太阳能电池生产能力达到 4.5MW/年，初步形成了我国太阳能电池产业。

2004 年，我国太阳能电池产量超过印度，年产量达到 50MW 以上。

说明：我国主要生产太阳能电池或太阳能电池组件的厂家有无锡尚德、保定天威英利、宁波太阳能、南京中电光伏、上海太阳能科技、云南天达和常州天合等。

2.2 太阳能电池概述

(1) 太阳能电池板

太阳能电池是一种将太阳能直接转化成直流电的装置，太阳能电池板是通过吸收太阳光，将太阳辐射能通过光电效应或者光化学效应直接或间接转换成电能的装置，大部分太阳能电池板的主要材料为"硅"。太阳能电池板主要有单晶硅太阳能电池板与多晶硅太阳能电池板，常用的是单晶硅太阳能电池板，其外形如图 2-1 所示。太阳能电池板由进口（或国产）单晶（或多晶）硅太阳能电池片串并联，用钢化玻璃、EVA 及 TPT 热压密封而成，周边加装铝合金边框，具有抗风、抗冰雹能力强，安装方便等特性，广泛应用于太阳能照明、灯具、户外供电、公路交通、建筑及光伏电站等领域。太阳能电池的分类如表 2-1 所示。

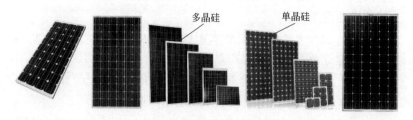

多晶硅　　　　单晶硅

图 2-1　太阳能电池板外形

说明：

① 单晶硅片主要是 156mm×156mm、150mm×150mm、125mm×125mm、103mm×103mm，多晶硅片主要是 125mm×125mm 和 156mm×156mm 两种规格。多晶硅太阳电池与单晶硅太阳电池的最大差别在于硅片，多晶硅片是许多硅晶粒的集合体。

② 太阳能电池组件是指具有外部封装及内部连接、能单独提供直流电输出的最小不可分割的单元。

③ 单晶硅太阳能电池片采用高品质的金属浆料制作背景和电极，确保良好的导电性、可靠的附着力和很好的电极可焊性。

表 2-1　太阳能电池的分类

序号	名称	分类	材料
1	硅太阳能电池	晶体	单晶硅、多晶硅
		非晶体	α-Si、α-SiGe、α-SiC、α-SiN、α-SiSn
2	化合物半导体聚合物	Ⅲ-Ⅴ族	GaAs、AlGaAs、InP
		Ⅱ-Ⅵ族	CdS、CdTe、Cu_2S
		其他	$CuInSe_2$、$CuInS_2$
3	有机半导体太阳能电池		酞菁、羟基角鲨烯、聚乙炔
4	多层修饰电极型电池		
5	纳米晶化学太阳能电池		
6	薄膜电池		硅基薄膜电池、碲化镉薄膜电池、铜铟镓硒薄膜电池、砷化镓薄膜电池

TW156 单晶硅太阳能电池片规格及参数如图 2-2 所示。

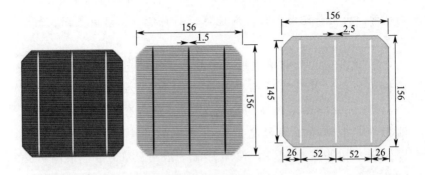

效率代码	转换效率 /%	最大输出功率 P_{mpp}/W	最小输出电流 I_{mpp}/A	最大输出电流 I_{mpp}/A
TW-156S-188	>18.8%	4.49	—	—
TW-156S-187	18.7%	4.44	—	—
TW-156S-185	18.5%	4.40	—	—
TW-156S-183	18.30%	4.35	8.05	
TW-156S-182			—	8.05
TW-156S-181	18.10%	4.3	8	
TW-156S-180			—	8
TW-156S-179	17.90%	4.25	7.97	
TW-156S-178			—	7.97
TW-156S-177	17.70%	4.21	7.92	
TW-156S-176			—	7.92
TW-156S-175	17.50%	4.16	7.87	
TW-156S-174			—	7.87
TW-156S-173	17.30%	4.11	7.83	
TW-156S-172			—	7.83
TW-156S-171	17.10%	4.06	7.78	
TW-156S-170			—	7.78

图 2-2　TW156 单晶太阳能电池片规格及参数

说明：国内外主流硅片厂商有保利协鑫、江西赛维 LDK、浙江昱辉阳光、英利绿色能源、常州天合光能、河北晶龙集团、新疆新能源、大全新能源、天威新能源、晶科能源、通威集团、阿特斯等。

① 单晶硅太阳能电池板　单晶硅太阳能电池以高纯的单晶硅棒为原料，其转换效率最高，一般为 15％左右，现在的效率为 17％～18％，最高的达到 24％，是所有种类的太阳能电池板中光电转换效率最高的。由于单晶硅一般采用钢化玻璃以及防水树脂进行封装，使用寿命一般可达 15 年，最高可达25 年。

② 多晶硅太阳能电池板　多晶硅太阳能电池板的制作工艺与单晶硅太阳能电池板差不多，其光电转换效率约 12％，制作成本远低于单晶硅电池，材料制造简便，总的生产成本较低。此外，多晶硅太阳能电池板的使用寿命也要比单晶硅太阳能电池板短。

说明：太阳能电池的转换效率与电池的结构、特性、材料性质、工作温度、放射性粒子辐射损伤和环境变化等有关。

目前太阳能电池组件所采用的封装结构为：玻璃-EVA（乙烯-醋酸乙烯共聚物)-太阳能电池-EVA-TPT 膜（耐候性复合氟塑料膜）层叠封装，再组装导线、接线盒、边缘密封带和铝合金框架。这种结构中电池和接线盒之间可直接用导线连接。

太阳能电池分为单晶硅太阳能电池、多晶硅太阳能电池、带状硅太阳能电池、薄膜材料（微晶硅基薄膜、化合物基薄膜及染料薄膜）太阳能电池、多元化合物薄膜太阳能电池、聚合物多层修饰电极型太阳能电池、纳米晶太阳能电池、有机太阳能电池、塑料太阳能电池。

硅系太阳能电池对比如表 2-2 所示。

表 2-2 硅系太阳能电池对比

序号	材料	太阳能电池效率	太阳能电池组件效率	优点	缺点	制备方法
1	单晶硅	15%~24%	13%~20%	效率最高、技术成熟	工艺烦琐、成本高	表面结构化、发射区钝化、分区掺杂
2	多晶硅	10%~17%	10%~15%	无效率衰退问题、成本远低于单晶硅	效率低于单晶硅	化学气相沉积法、液相外延法、溅射沉积法
3	非晶硅	8%~13%	5%~10%	成本较低、转换效率较高	稳定性不高	反应溅射法、PECVD 法、LPCVD 法

说明：

① 目前多晶硅薄膜电池的最高转换效率达 19.2%。太阳能电池板是放置在室外，因此背、面板除了具有保护功能外，还须具备 25 年可靠的绝缘性能、阻水性、耐老化性。

② 目前单晶硅硅片尺寸有 103mm×103mm、125mm×125mm、156mm×156mm。

③ 目前双晶硅硅片尺寸有 125mm×125mm、150mm×150mm、156mm×156mm。

④ 目前单、双晶硅硅片常用尺寸有 125mm×125mm、156mm×156mm 两种。太阳能电池板中每个硅片尺寸都相同，可以对硅片进行串、并联，硅片串联电压相加，电流不变，硅片并联电压不变，电流相加。

⑤ 多晶硅是 156mm×156mm 的正方形片子，单晶硅一般是 125mm×125mm 的"类八边形"。

⑥ 非晶硅太阳电池目前的主要问题是光电转换效率偏低，转换效率（国际先进水平）为 10% 左右。

柔性太阳能电池板的工作电压有 DC 6V、9V、12V、18V、24V、36V 等，有单晶硅、多晶硅电池片。TPT＋铝板＋EVA＋PET＋EVA＋电池片＋EVA＋PET（8 层层压），极强的防水、抗磨蚀和抗冰雹性能，功率为 10~200W，重量轻，可弯曲。

（2）太阳能电池板的结构

太阳能电池板的结构如图 2-3 所示。由高效晶体硅太阳能电池片、超白布纹钢化玻璃、EVA、透明 TPT 背板以及铝合金边框组成。

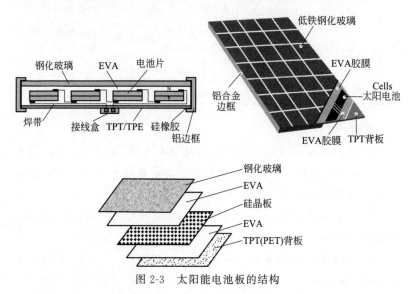

图 2-3　太阳能电池板的结构

说明：相关标准如下。

IEC TS 61836《太阳光伏能源系统 术语、定义和符号》。

IEC 60891《光伏器件 测定 I-V 特性的温度和辐照度校正方法用程序》。

IEC 60904-1《光伏器件 第 1 部分：光伏电流-电压特性的测量》。

IEC 60904-3《光伏器件 第 3 部分：地面用太阳能光伏器件的测量原理及标准光谱辐照度数据》。

IEC 60904-10《光伏器件 第 10 部分：线性测量方法》。

IEC 61215-2《地面用光伏组件 设计鉴定和定型 第 2 部分：试验步骤》。

IEC 61730-2《光伏组件安全认证 第 2 部分：试验要求》。

IEC 61853-1《光伏组件性能测试和能量等级 第 1 部分：辐照度和温度性能测量以及额定功率》。

IEC 61853-2《光伏组件性能测试和能量等级 第 2 部分：光谱响应、入射角和组件工作温度测量》。

IEC 60269-6《低压熔断器 第 6 部分：太阳光伏能量系统保护用熔断体的补充要求》。

IEC 60721-2-1《电工电子产品自然环境条件 温度与湿度》。

SJ/T 11513—2015《光伏电池用铝浆》。

GB/T 31985—2015《光伏涂锡焊带》。

SJ/T 11550—2015《晶体硅光伏组件用浸锡焊带》。

SJ/T 11549—2015《晶体硅光伏组件用免清洗型助焊剂》。

GB/T 30984.1—2015《太阳能玻璃 第 1 部分：超白压花玻璃》。

SJ/T 11571—2016《光伏组件用超薄玻璃》。

IEC 62805-1 Ed.1《光伏玻璃试验方法 第 1 部分：总雾度和雾度分布测试》。

IEC 62805-2 Ed.1《光伏玻璃试验方法 第 2 部分：透射比和反射比测试》。

GB/T 29595—2013《地面用光伏组件密封材料 硅橡胶密封剂》。

GB/T 32649—2016《光伏用高纯石英砂》。

GB/T 32650—2016《电感耦合等离子质谱法检测石英砂中痕量元素》。

GB/T 32652—2016《多晶硅铸锭石英坩埚用熔融石英料》。

GB/T 29195—2012《地面用晶体硅太阳电池总规范》。

GB/T 9535—1998《地面用晶体硅光伏组件 设计鉴定和定型》。

GB/T 30869—2014《太阳能电池用硅片厚度及总厚度变化测试方法》。

① 钢化玻璃 其作用是保护电池片。

说明：

① 低铁钢化玻璃（又称白玻璃），常见厚度在 3.2mm 左右，在太阳电池光谱响应的波长范围内（320～1100nm）透光率达 90％以上，对于大于 1200nm 的红外光有较高的反射率。

② 钢化性能符合国家标准 GB 15763.2—2005《建筑用安全玻璃 第 2 部分：钢化玻璃》或 GB/T 9535—1998《地面用晶体硅光伏组件 设计鉴定和定型》、GB/T 30984.1—2015《太阳能用玻璃 第 1 部分：超白压花玻璃》、GB/T 30984.2—2014《太阳能用玻璃 第 2 部分：透明导电氧化物膜玻璃》、GB/T 30984.3—2016《太阳能用玻璃 第 3 部分：玻璃反射镜》。

③ 钢化玻璃要求的透光率必须高（一般91％以上），要进行超白钢化处理。

② EVA（上）用来粘接固定钢化玻璃和电池片。透明 EVA 材质的优劣直接影响到组件的寿命。暴露在空气中的 EVA 易老化发黄，从而影响组件的透光率及组件的发电质量，对组件厂家的层压工艺也会产生非常大的影响，并影响组件寿命。

说明：

① EVA 是一种热融胶黏剂，厚度在 0.4～0.6mm 之间，表面平整、厚度均匀，内含交联剂。

② EVA 常温下无黏性而具有抗黏性，以便操作，经过一定条件热压便发生熔融粘接与交联固化，并变得完全透明。

③ 电池片 其作用就是发电，发电主体市场上主流的是晶体硅太阳能电池片，生产设备成本相对较低，但消耗及电池片成本很高，光电转换效率也高。

说明：

① 太阳能电池片是光电转换的最小单元，工作电压约为 0.5V，一般不能单独作为电源使用。目前电池片用混联（网状连接）方式，将对应电池之间连接起来，一旦其中一片电池损坏、开路或被阴影遮住，损失的是一片电池的功率，而不是整串电池都将失去作用。

② 高精度的丝网印刷图形和高平整度，使得电池易于自动焊接和激光切割。

④ EVA（下）　其作用主要是粘接封装太阳能电池片和背板。

⑤ 背板　其作用是密封、绝缘、防水，一般都用 TPT、TPE 等材质。

说明：TPT（聚氟乙烯复合膜）用在组件背面，作为背面保护封装材料。用于封装的 TPT 至少应该有三层结构：外层保护层 PVF 具有良好的抗环境侵蚀能力；中间层为聚酯薄膜，具有良好的绝缘性能；内层 PVF 需经表面处理和 EVA 具有良好的粘接性能。

⑥ 铝合金保护层压件　其作用是密封、支撑。

说明：边框采用硬制铝合金制成，表面氧化层厚度大于 $10\mu m$，可以保证在室外环境长达 25 年以上的使用，不会被腐蚀，牢固耐用。

⑦ 接线盒　保护整个发电系统，起到电流中转站的作用，如果组件短路接线盒自动断开短路电池串，防止烧坏整个系统。接线盒中最关键的是二极管的选用，根据组件内电池片的类型不同，对应的二极管也不相同。

说明：

① 接线盒一般由 ABS 制成，并加有抗老化剂和抗紫外线辐射剂，能确保电池板在室外使用 25 年以上不出现老化破裂现象。接线柱由外镀镍层的高导电解铜制成，可以确保电气导通及电气连接的可靠。接线盒用硅胶粘接在背板表面。

② 接线盒盒体应符合 Ⅱ 类电气结构安全要求，接线盒盒体满足 IP54 以上的防护要求。

③ 接线盒盒盖的打开必须借助于工具。

④ 接线盒盒体的设计应考虑符合最大系统电压 1000VDC 的电气间隙、爬电距离的要求。

⑤ 接线盒盒体应能在"组件"上牢固地安装：60N，1min 盒体不能移位。

⑥ 接线盒中最关键的是二极管的选用，不同的电池片对应的

二极管也不相同。

⑦ 接线盒交界处使用双面胶条、泡棉来替代硅胶，我国普遍使用硅胶。

⑧ 硅胶 密封作用，用来密封组件与铝合金边框、组件与接线盒交界处。国内普遍使用硅胶，工艺简单、方便、易操作，且成本低。

说明： 光伏组件的质量标准 IEC 61215—2005《旁路二极管热性能试验》、IEC 61730《太阳能电池系统安全鉴定 结构与测试要求》、UL 1703《平板型太阳能组件安全认证标准》、IEC 61646《地面用薄膜电池组件 测试要求》、IEC 61215《太阳能模块可靠度试验》。国家标准 GB/T 9535—1998《地面用晶体硅光伏组件 设计鉴定和定型》、GB/T 6495.1—1996《光伏器件 第1部分：光伏电流-电压特性的测量》、GB/T 19064—2003《家用太阳能光伏电源系统技术条件和试验方法》。

我国的光伏产品可以进行金太阳认证，金太阳认证结果被政府、行业、市场广泛认可。获得金太阳认证，可申请国家"金太阳工程"补贴，亦可作为工程招标中的认证依据。2013年金太阳示范工程结束。金太阳认证是中国新能源领域开张的一项认证业务，获得北京鉴衡认证中心 CGC 认证的光伏产品可以加贴金太阳认证标志。

a. 北京鉴衡认证中心有限公司光伏实施规则。认证规则如下。

CGC-R46090—2017《3000V 光伏系统用晶体硅光伏组件认证 太阳能光伏产品认证实施规则》。

CGC-R46083—2016《光伏项目认证和光伏电站年度性能认证实施规则》。

CGC-R46084—2016《太阳能光伏产品认证实施规则（太阳跟踪系统）》。

CGC-R46088—2016《盐雾腐蚀认证太阳能光伏产品认证实施规则（盐雾腐蚀试验）》。

CGC-R46089—2016《氨气腐蚀认证太阳能光伏产品认证实施规则（氨气腐蚀试验）》。

CGC-R46039—2016《电子电气产品认证实施规则-太阳能光伏系统保护用熔断器》。

CGC-R47018—2016《电子电气产品认证实施规则〔光伏系统直流侧用电涌保护器（SPD）〕》。

CGC-R46005—2012《太阳能光伏产品认证实施规则（地面用太阳电池组件用接线盒）》。

CGC-R46006—2006《太阳能光伏产品认证实施规则（离网型户用风光互补发电系统）》。

CGC-R46007—2006《太阳能光伏产品认证实施规则（独立光伏系统）》。

CGC-R46008—2012《太阳能光伏产品认证实施规则（充放电控制器、直流交流逆变器）》。

CGC-R46009—2015《太阳能光伏产品认证实施规则（光伏汇流设备）》。

CGC-R46011—2010《储能用铅酸蓄电池认证实施规则（第三版）》。

CGC-R46040—2012《太阳能光伏产品认证实施规则（太阳能光伏发电系统用电缆）》。

CGC-R46045—2012《电子电气产品认证实施规则-低压直流断路器》。

CGC-R46049—2013《储能系统用锂离子电池认证实施规则》。

CGC-R46050—2015《太阳能光伏产品认证实施规则（地面用太阳电池组件用连接器）》。

CGC-R46059—2016《太阳能光伏产品认证实施规则〔光伏组件封装用乙烯-醋酸乙烯酯共聚物（EVA）胶膜〕》。

CGC-R46060—2016《太阳能光伏产品认证实施规则（晶体硅双玻组件）》。

CGC-R46069—2016《太阳能光伏产品认证实施规则（晶体硅太阳电池组件用绝缘背板）》。

CGC-R47005—2012A《太阳能光伏产品认证实施规则（地面

用晶体硅光伏组件)》。

CGC-R47008—2012A《太阳能光伏产品认证实施规则［聚光光伏（CPV）组件和装配件]》。

CGC-R47013—2012A《太阳能光伏产品认证实施规则（地面用薄膜光伏组件)》。

CGC-R49003—2016《储能用阀控式密封胶体蓄电池认证实施规则》。

CGC-R46070—2015《太阳能光伏产品认证实施规则（晶体硅光伏组件电势诱发衰减)》。

CGC-R46081—2016《 太阳能光伏产品认证实施规则（沙尘试验)》。

b. 中国质量认证中心认证规则。中国质量认证中心（CQC）发起光伏发电产品"领跑者"认证计划，围绕产品的效率、环境适应性及耐久性构建"领跑者"先进技术指标评价体系。认证规则如下。

CQC33-407660—2015《光伏发电产品"领跑者"认证计划通则》。

CQC33-471545—2015《地面用光伏组件"领跑者"认证规则》。

CQC33-461394—2015《光伏并网逆变器"领跑者"认证规则》。

CQC33-461395—2015《光伏离网逆变器"领跑者"认证规则》。

CQC33-461396—2015《光伏储能逆变器"领跑者"认证规则》。

CQC92-462217—2015《光伏背板材料"领跑者"环境耐久性评价实施细则》。

CNCA/CTS 0009—2014《光伏组件转换效率测试和评定方法》。

IEC61215—2005《地面用晶体硅光伏组件设计鉴定和定型》。

IEC61646—2008《地面用薄膜光伏组件设计鉴定和定型》。

NB/T 32004—2013《光伏发电并网逆变器技术规范》。

CNCA/CTS 0048—2014《光伏逆变器特定环境技术要求》。

CNCA/CTS 0002—2014《光伏并网逆变器中国效率技术条件》。

CNCA/CTS 0048—2014《光伏逆变器特定环境技术要求》。

GB/T19064—2003《家用太阳能光源系统技术要求和试验方法》。

CNCA/CTS 0048—2014《光伏逆变器特定环境技术要求》。

CNCA/CTS 0022—2013《光伏发电系统用储能变流器技术规范》。

CNCA/CTS 0048—2014《光伏逆变器特定环境技术要求》。

CQC3324—2015《光伏背板材料耐久性试验要求》。

国家太阳能光伏产品质量监督检验中心（CPVT）作为国际IEC TC82标准化组织的成员单位，是国际电工委员会IECEE认可的CB实验室，可以按照国内（GB）、国际（IEC）、欧洲（EN）、美洲（UL/ATSM）、日本（JIS）等标准体系进行检测研究。

CPVT检测覆盖原辅材料、零部件、电池片、组件、光伏电站的光伏全产业链，技术能力满足产品全生命周期需要，标准化水平行业领先。

(3) 太阳能电池板的主要参数

单晶硅太阳能板是用高转换效率的单晶硅太阳能电池片按照不同的串、并阵列方式构成的组件体。多晶硅太阳能板是用多晶硅太阳能电池片以不同的阵列方式排列成不同功率的光伏组件。

单晶硅太阳能电池板规格如表2-3所示。

表2-3 单晶硅太阳能电池板规格

序号	系统工作电压 /V	最大输出功率 P_m/W	开路电压 U_{oc}/V	短路电流 I_{sc}/A	最大输出工作电压 U_{mp}/V	最大输出工作电流 I_{mp}/A	组件尺寸（长×宽×高）/mm	质量/kg
1	12	90	21.6	5.45	18	5	1195×535×35	8.0
2	12	125	21.6	7.57	18	6.95	1320×666×35	11.0
3	12	160	21.6	9.51	18	8.88	1482×666×35	12.0
4	24	180	43.6	5.45	36	5	1580×808×35	16.0
5	24	200	44.7	5.98	36.5	5.48	1580×808×35	16.0
6	24	280	44.6	8.4	36	7.78	1956×992×50	22.5
7	24	300	45.3	8.79	36.5	8.22	1956×992×50	22.5
8	24	315	45.8	9.11	37	8.51	1956×992×50	22.5
9	24	320	45.8	9.26	37	8.65	1956×992×50	22.5

太阳能电池板的规格及参数如图2-4所示。

力学性能参数	数值
电池/mm	156×156 单晶
组件尺寸(长×宽×高)/mm	1650×992×35
组件质量/kg	18.6
缆线截面积/mm²	4
缆线长度/mm	800/1000
组件电池数量及排列	60(6×10)
二极管数量	3

项目		JNMM60-285	JNMM60-290	JNMM60-295	JNMM60-300	JNMM60-305
STC AM1.5,1000W/m² 电池温度25℃	最大输出功率 P_m/W	285	290	295	300	305
	功率公差/W	0~+5	0~+5	0~+5	0~+5	0~+5
	最大输出工作电压 U_{mp}/V	31.74	32.03	32.33	32.62	32.92
	最大输出工作电流 I_{mp}/A	8.98	9.06	9.13	9.20	9.27
	开路电压 U_{oc}/V	39.25	39.42	39.58	39.75	39.92
	短路电流 I_{sc}/A	9.44	9.51	9.57	9.64	9.71
	组件效率/%	17.4	17.7	18.0	18.3	18.6
NOCT AM1.5,800W/m² 环境温度20℃ 风速1m/s 电池额定工作 温度45℃±2℃	最大输出功率 P_m/W	212.1	215.8	219.6	223.3	227.0
	最大输出工作电压 U_{mp}/V	29.53	29.78	30.06	30.34	30.61
	最大输出工作电流 I_{mp}/A	7.18	7.25	7.30	7.36	7.42
	开路电压 U_{oc}/V	36.81	36.97	37.12	37.28	37.44
	短路电流 I_{sc}/A	7.62	7.67	7.72	7.78	7.83

力学性能参数	数值
电池/mm	156×156 单晶
组件尺寸（长×宽×高）/mm	1956×992×35/45
组件质量/kg	22.4
缆线截面积/mm²	4
缆线长度/mm	800/1150
组件电池数量及排列	72(6×12)
二极管数量	3

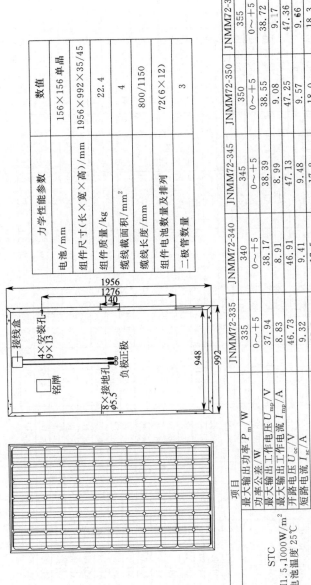

图 2-4

项目		JNMM72-335	JNMM72-340	JNMM72-345	JNMM72-350	JNMM72-355
STC AM1.5,1000W/m² 电池温度25℃	最大输出功率 P_m W	335	340	345	350	355
	功率公差 W	0~+5	0~+5	0~+5	0~+5	0~+5
	最大输出工作电压 U_{mp}/V	37.94	38.17	38.39	38.55	38.72
	最大输出工作电流 I_{mp}/A	8.83	8.91	8.99	9.08	9.17
	开路电压 U_{oc}/V	46.73	46.91	47.13	47.25	47.36
	短路电流 I_{sc}/A	9.32	9.41	9.48	9.57	9.66
	组件效率/%	17.3	17.5	17.8	18.0	18.3
NOCT AM1.5,800W/m² 环境温度20℃ 风速1m/s 电池额定工作 温度45℃±2℃	最大输出功率 P_m W	249.3	253.0	256.8	260.5	264.2
	最大输出工作电压 U_{mp}/V	35.29	35.50	35.70	35.86	36.01
	最大输出工作电流 I_{mp}/A	7.06	7.13	7.19	7.26	7.34
	开路电压 U_{oc}/V	43.82	43.99	44.20	44.31	44.42
	短路电流 I_{sc}/A	7.52	7.59	7.65	7.72	7.79

型号	组件最大输出功率 P_m/W	最大输出工作电压 U_{mp}/V	最大输出工作电流 I_{mp}/A	开路电压 U_{oc}/V	短路电流 I_{sc}/A	电池片数量	排列	组件尺寸/mm	重量/kg
SW-M340W/36	340	37.35	9.11	45.86	9.55	72	6×12	1950×980×40	25
SW-M330W/36	330	37.15	8.89	45.58	9.37	72	6×12	1950×980×40	25
SW-M320W/36	320	37.04	8.64	45.54	9.12	72	6×12	1950×980×40	25
SW-M310W/36	310	36.93	8.40	45.42	8.86	72	6×12	1950×980×40	25
SW-M300W/36	300	36.28	8.28	44.60	8.74	72	6×12	1950×980×40	25
SW-M280W/30	280	31.10	9.01	38.30	9.51	60	6×10	1640×980×40	19.8
SW-M270W/30	270	30.80	8.77	37.88	9.25	60	6×10	1640×980×40	19.8
SW-M260W/30	260	30.50	8.53	37.50	9.04	60	6×10	1640×980×40	19.8
SW-M250W/30	250	30.23	8.27	37.20	8.74	60	6×10	1640×980×40	19.8
SW-M240W/30	240	30.23	7.94	37.20	8.38	60	6×10	1640×980×40	19.8
SW-M230W/27	230	27.25	8.45	33.50	8.92	54	6×9	1480×980×40	18
SW-M220W/27	220	27.25	8.08	33.50	8.53	54	6×9	1480×980×40	18
SW-M200W/36	200	36.26	5.52	44.50	5.82	72	6×12	1580×808×40	16.3
SW-M190W/36	190	36.26	5.24	44.50	5.53	72	6×12	1580×808×40	16.3
SW-M180W/36	180	36.26	4.97	44.50	5.25	72	6×12	1580×808×40	16.3
SW-M170W/18	170	18.67	9.11	22.93	9.55	36	4×9	1480×660×35	12
SW-M160W/18	160	18.52	8.64	22.77	9.12	36	4×9	1480×660×35	12
SW-M150W/18	150	18.18	8.26	22.36	8.71	36	4×9	1480×660×35	12
SW-M140W/18	140	18.18	7.71	22.36	8.15	36	4×9	1480×660×35	12
SW-M130W/18	130	18.16	7.16	21.60	7.86	36	4×9	1480×660×35	12
SW-M120W/18	120	18.16	6.67	21.60	7.26	36	4×9	1480×660×35	12
SW-M110W/18	110	18.10	6.08	22.26	6.44	36	4×9	1020×660×35	8.3
SW-M100W/18	100	18.10	5.53	22.26	5.86	36	4×9	1020×660×35	8.3

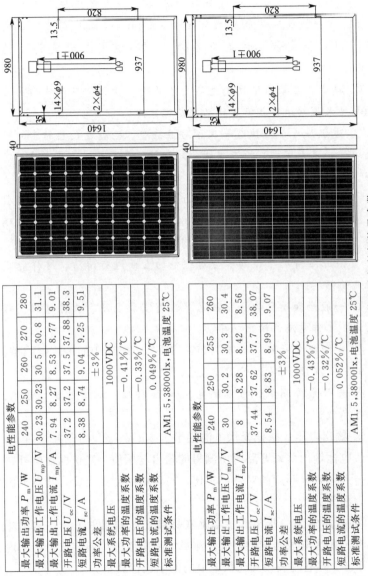

电性能参数					
最大输出功率 P_m/W	240	250	260	270	280
最大输出工作电压 U_{mp}/V	30.23	30.23	30.5	30.8	31.1
最大输出工作电流 I_{mp}/A	7.94	8.27	8.53	8.77	9.01
开路电压 U_{oc}/V	37.2	37.2	37.5	37.88	38.3
短路电流 I_{sc}/A	8.38	8.74	9.04	9.25	9.51
功率公差	±3%				
最大系统电压	1000VDC				
最大功率的温度系数	−0.41%/℃				
开路电压的温度系数	−0.33%/℃				
短路电流的温度系数	0.049%/℃				
标准测试条件	AM1.5、38000lx、电池温度25℃				

电性能参数				
最大输出功率 P_m/W	240	250	255	260
最大输出工作电压 U_{mp}/V	30	30.2	30.3	30.4
最大输出工作电流 I_{mp}/A	8	8.28	8.42	8.56
开路电压 U_{oc}/V	37.44	37.62	37.7	38.07
短路电流 I_{sc}/A	8.54	8.83	8.99	9.07
功率公差	±3%			
最大系统电压	1000VDC			
最大功率的温度系数	−0.43%/℃			
开路电压的温度系数	−0.32%/℃			
短路电流的温度系数	0.052%/℃			
标准测试条件	AM1.5、38000lx、电池温度25℃			

图2-4 太阳能电池板的规格及参数

说明：

① 太阳能电池板性能测试标准条件：光谱采用标准太阳光谱 AM1.5；地面阳光的总辐照度为 38000lx；标准测试温度为 25℃，对定标测试允许差为 +1℃，对非定标测试允许差为 +2℃。

② 接地装置必须根据制造商要求的规定操作，可以使用第三方的接地装置接地，但其接地必须是可靠的。

③ 建议每 6 个月执行一次预防性检查，检查连接器的密封性和电缆连接是否牢固，检查接线盒处密封胶是否开裂，或者是否有缝隙。

④ 灰尘堆积在组件的玻璃表面会减少它的功率输出并可能引起区域热斑，建议使用潮湿的含清水的海绵或者柔软的布擦拭玻璃表面。严禁使用含有碱、酸的清洁剂清洗组件。

⑤ 在正常情况下，雨水会对组件的表面进行清洁，这样能减少清洗的频率。

⑥ 一般检验项目的检验技术参数有空载电压、工作电压、短路电流、工作电流、输出功率。

⑦ 太阳能电池板认证有 TUV、IEC 61215、IEC 61730、CE、ISO 9001—2015、SGS、SONCAP。

⑧ 光伏系统测试仪可以测电流-电压特性、绝缘性能、电流、电压等参数。

① 输出电压 指把光伏电池置于 100mW/cm^2 的光源照射下，且光伏电池输出两端开路时所测得的输出电压值。光伏电池的开路电压与入射光辐照度的对数成正比，与环境温度成反比，与电池面积的大小无关。

② 短路电流 指将光伏电池在标准光源的照射下，在输出短路时流过光伏电池两端的电流。测量短路电流的一般方法是，用内阻小于 1Ω 的电流表接到光伏电池的两端进行测量。

③ 最大输出功率（P_m） 最大输出工作电压（U_mp）乘以最大

输出工作电流（I_{mp}），即太阳电池的最大输出功率。

④ 开路电压（U_{oc}）　正负极间为开路状态时的电压。即负载的电阻无穷大时，太阳电池的输出电压。

⑤ 短路电流（I_{sc}）　正负极间为短路状态时流过的电流。即负载的电阻为零时，太阳电池的输出电流。

⑥ 最大输出工作电压（U_{mp}）　输出功率最大时的工作电压。

⑦ 最大输出工作电流（I_{mp}）　输出最大功率时的工作电流。

⑧ 转换效率（η）　太阳电池的最大输出功率 P_m 与入射光功率的比值，是衡量太阳电池性能最重要的参数。

⑨ 填充因子（FF）　太阳电池的最大输出功率 P_m 与短路电流 I_{sc}、开路电压 U_{oc} 乘积的比值。

⑩ 串联电阻（R_s）　主要由太阳电池的体电阻、表面电阻、电极导体电阻、电极与硅表面的接触电阻组成。

⑪ 并联电阻（R_{sh}）　为旁漏电阻，它是由硅片的边缘不清洁或硅片表面缺陷引起的。

（4）太阳能电池板的转换效率的简单计算

太阳能电池板的转换效率是根据光照与光效来判定的，不同成分的太阳能电池板转换效率也是不同的。单晶硅太阳能电池具有电池转换效率高、稳定性好的优点，但是成本较高。多晶硅太阳能电池成本低，但转换效率略低于单晶硅太阳能电池。在实际应用过程中，只需要最大输出功率、面积就可以计算太阳能电池板的转换效率，公式如下：

$$电池板转换效率 = （电池板最大输出功率/电池板面积）\div 1000W/m^2 \times 100\%$$

说明：电池板最大输出功率单位为 W，电池板面积单位为 m^2。

（5）光伏组件各特性值理论计算方法

① P_m　不论组件中电池片串联或并联，均为各电池片 P_m 的

累加。

② I_{sc}/I_{mp}　电池片串联时等于单片电池片的 I_{sc}，并联时为各并联电池片（串）的累加值。

③ U_{oc}/U_{mp}　电池片串联时等于各单片电池片 U_{oc}/U_{mp} 的累加值，并联时等于各电池片（串）的值。

说明：36 片串联：$U_{mp} \geqslant 16.8V$；60 片串联：$U_{mp} \geqslant 28.0V$；72 片串联：$U_{mp} \geqslant 33.6V$。

(6) 太阳能电池板标准测试方法

在标准光强及一定的环境温度（25℃）条件下，太阳能电池板输出的开路电压 U_{oc}、短路电流 I_{sc}、最大输出工作电压 U_{mp}、最大输出工作电流 I_{mp} 等的测试，电压误差在 $\pm 5\%$、电流误差在 $\pm 3\%$ 的范围内。

① 开路电压　用 500W 的卤钨灯，0～250V 的交流变压器，光照度设定为 $3.8 \times 10^4 \sim 4.0 \times 10^4$ lx，灯与测试平台的距离为 15～20cm，直接测试值为开路电压。

② 短路电流　用 500W 的卤钨灯，0～250V 的交流变压器，光照度设定为 $3.8 \times 10^4 \sim 4.0 \times 10^4$ lx，灯与测试平台的距离为 15～20cm，直接测试值为短路电流。

③ 工作电压　用 500W 的卤钨灯，0～250V 的交流变压器，光照度设定为 $3.8 \times 10^4 \sim 4.0 \times 10^4$ lx，灯与测试平台的距离为 15～20cm，正负极并联一个相对应的电阻，测试值为工作电压。

④ 工作电流　用 500W 的卤钨灯，0～250V 的交流变压器，光照度设定为 $3.8 \times 10^4 \sim 4.0 \times 10^4$ lx，灯与测试平台的距离为 15～20cm，串联一个相对应的电阻，测试值为工作电流。

2.3 太阳能电池生产流程

（1）太阳能电池制造流程

太阳能电池制造流程如图 2-5 所示。

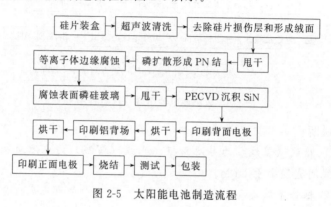

图 2-5　太阳能电池制造流程

（2）太阳能电池组件生产流程

太阳能电池组件是太阳能照明设备和发电设备能够正常工作的源头。太阳能电池组件由单、多晶硅高效太阳能电池片、EVH 胶膜、TPT、钢化玻璃、边框、接线盒等组成。

说明：

① 实际使用中需要把单个太阳能电池进行串、并联，并加以封装，接出外连电线，成为可以独立作为光伏电源使用的太阳能电池组件（Solar Module 或 PV Module，也称光伏组件），即多个单体太阳能电池互连封装后成为组件。

② 光伏组件输出功率从零点几瓦到数百瓦不等。

③ 组件的封装结构、封装材料和封装工艺与组件的工作寿命、可靠性和成本有着密切的关系。

太阳能电池组件生产流程图如图 2-6 所示。

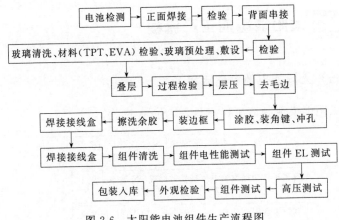

图 2-6　太阳能电池组件生产流程图

说明：

①　暗线（黑线）为电池正极，亮线（白线）为电池负极，正负极线间宽度小于1mm。

②　根据不同类型的灯的电压、电流要求，它的长宽（分别控制电压和电流）尺寸不同，误差：±0.5mm。

③　太阳能电池片规格有：38mm × 38mm、39mm × 35mm、52.5mm × 52.5mm、59mm × 59mm、63mm × 63mm、87mm × 67mm、70mm×70mm、94.5mm×79.5mm、110mm×130mm 等。

太阳能电池组件生产工序流程如表 2-4 所示。

表 2-4　太阳能电池组件生产工序流程

序号	工序名称	工具材料	工艺要求	备注
1	电池片检验（分发）	手套	①拿取电池片时戴防护手套 ②摆放整齐，不同档次电池片分开放置 ③电池片标识清楚	①电池测试即通过测试电池的输出参数（电流和电压）的大小对其进行分类 ②电池片、电池串之间的间隙≥0.5mm，电池片与汇流条之间的间隙≥2mm ③装框后电池片或汇流条与铝边框距离≥4mm

序号	工序名称	工具材料	工艺要求	备注
2	正面焊接	电烙铁、手套、指套	①握烙铁的手戴上手套，取电池片的手戴上指套 ②在焊接过程中要对焊接质量进行抽检，判定标准：主栅线吃锡≥3/4且两头吃锡10mm以上方为合格 ③焊接时烙铁头要拉出电池片边缘 15^{+5}_{-5}mm，将互连条上产生的锡堆拉出电池片 ④互连条头部与第1根副栅线对齐，公差范围为 0^{0}_{-1}mm ⑤互连条要居中焊在主栅线上，主栅线露白宽度不大于0.3mm ⑥无偏移，无虚焊、歪斜现象，电池片上不得有松香、助焊剂结晶等异物	①将汇流带焊接到电池正面(负极)的主栅线上，汇流带为镀锡的铜带 ②电烙铁温度要求：320～330℃ ③操作员在工作前用测温仪校准烙铁头温度，校准频率为6h/次 ④互连条无发黑、露铜、弯曲、扭曲、尖锐刺角等，要平直 ⑤互连条在助焊剂中的浸泡时间为10～15min ⑥将互连条控干，互连条表面无溶剂且不存在结晶状颗粒
3	背面串接	电烙铁、手套、指套	①握烙铁的手戴上手套，取电池片的手戴上指套 ②互连条中心线与背电极中心线重合，允许偏差(0±0.8)mm ③互连条头部与背电极边缘对齐，允许偏差(0±1)mm ④在焊接过程中要对焊接质量进行抽检，判定标准：背电极吃锡≥3/4且两头吃锡10mm以上方为合格 ⑤无虚焊、焊接粗糙、锡渣、助焊剂、异物等不良情况	①工作区域清洁、无脏污 ②操作者使用电烙铁和焊锡丝将"前面电池"的正面电极(负极)焊接到"后面电池"的背面电极(正极)上 ③电烙铁温度：360～370℃ ④单根互连条的焊接时间在2～3s，速度均匀
4	叠层		①拿取EVA时戴防护手套 ②TPT的割缝与模板上的宽度大致相等，缝要割穿，无毛边	①将组件串、钢化玻璃和切割好的EVA、背板(TPT)按照一定的层次敷设好，准备层压 ②用塑料薄膜密封后在阴凉处存放，暴露在空气中累计超过24h的EVA不得使用

序号	工序名称	工具材料	工艺要求	备注
4	叠层		③确认钢化玻璃的规格型号并对钢化玻璃外观进行检验,合格的放置在周转车上,不合格的贴不合格标签放置在不合格品区 ④操作人员按规定的顺序放置玻璃、EVA、TPT等,要求玻璃毛面朝上,EVA麻面朝向电池片	
5	中道检验（层叠中测）	万用表	①电池片正面朝下,正负极性排列正确 ②电池串无虚焊、破损、裂纹、异物,焊接牢固及焊点光滑美观 ③电池片排列整齐,间距均匀,TPT无划伤等 ④操作员对每片组件都要使用万用表检测电压并记录,合格的方可使用	操作员测试电压时的操作方法正确,没有使电池片受力产生碎裂的隐患
6	割TPT		TPT的割缝与模板上的宽度大致相等,缝要割穿,无毛边	①工作区域清洁、无脏污 ②取拿TPT戴防护手套
7	层压	层压机	①操作人员按规定的顺序放置玻璃、EVA、TPT等,要求玻璃毛面朝上,EVA麻面朝向电池片 ②操作员按时清理四氟布上残留的EVA ③不允许将流程卡连同组件一起送入层压机里层压 ④层压机参数设置正确 ⑤组件边缘TPT和EVA去除干净,无毛刺	①钢化玻璃划痕宽度小于1mm,划痕总长度小于150mm ②层压前操作员对每片组件都要使用万用表检测电压并记录,合格的方可使用 ③层压前操作员测试电压时的操作方法正确,没有使电池片受力产生碎裂的隐患 ④层压前电池串无虚焊、破损、裂纹、异物,焊接牢固及焊点光滑美观 ⑤通过抽真空将组件内的空气抽出,然后加热使EVA熔化将电池、玻璃和背板粘接在一起;最后冷却取出组件

序号	工序名称	工具材料	工艺要求	备注
7	层压	层压机		⑥在搬运过程中左手抬住左角,右手抬长边第二片电池片位置,距短边应大于等于20cm
8	装框	装框机	①打好硅胶的边框放置时间不得超过15min ②搬动边框的过程不会损伤边框 ③正在装框的组件温度要低于50℃ ④待装框的组件边缘没有残余的EVA或TPT超出玻璃边缘 ⑤已装框的组件边框四周的硅胶完全溢出,并均匀分布 ⑥已装框的组件TPT上无装框时留下的硅胶,从而保证组件TPT表面清洁 ⑦装框过程中,装框机没有螺钉凸出损伤边框	①正在装框的组件温度要低于50℃ ②给玻璃组件装铝框,增加组件的强度,进一步地密封电池组件 ③边框和玻璃组件的缝隙用硅酮树脂(1527硅胶)填充 ④操作员在搬动组件的过程中不会划伤边框 ⑤操作员用木槌不得敲击组件的四角,注意力度及位置
9	焊接接线盒	电烙铁	①打好胶的接线盒放置时间不得超过5min ②接线盒与汇流条之间的焊接无虚焊、无未焊现象 ③在焊接过程中不会烫伤TPT或接线盒 ④烙铁头温度为380~420℃ ⑤在焊接过程中不会烫伤TPT或接线盒 ⑥接线盒内灌的胶量充足并能有效密封 ⑦接线盒内的胶不会从接线盒底部溢出	①在组件背面引线处焊接一个盒子,以利于电池与其他设备或电池间的连接 ②操作员在安装接线盒前将出头处的胶带纸撕干净,并清除因贴胶带纸产生的黏性物质 ③接线盒底部的胶量充足,并围成一圈,确保装上后四周硅胶均匀溢出,能有效密封,接线盒位置正确,无歪斜 ④确保装上后四周硅胶均匀溢出,能有效密封,接线盒位置正确,无歪斜

序号	工序名称	工具材料	工艺要求	备注
10	擦拭组件		①组件在擦拭前的存放时间为2h以上 ②擦拭组件时不会划伤TPT、玻璃或边框,擦拭后的组件清洁度符合要求	
11	高压测试	高压测试	对组件施加3000V(75W以下施加1000V)电压,最大漏电流小于50μA	①绝缘电阻>50MΩ ②测试组件的耐压性和绝缘强度,以保证组件在恶劣的自然条件(雷击等)下不被损坏
12	组件测试		①对电池的输出功率等参数进行标定 ②测试其输出特性,确定组件的质量等级	组件成品的全面检验:型号、类别、清洁度、各种电气性能的参数的确认,以及对组件优劣等级的判定和区分
13	外观检查	目视	①组件铝合金边框牢固,铝合金表面氧化层无明显划痕,边框连接处接缝间隙≤0.2mm,组件两对角线长度偏差:50W以下≤1mm,50W以上≤2mm ②接线盒安装位置准确,与TPT粘接处无可视缝隙,硅胶均匀光滑 ③组件内芯片矩阵排列整齐,相邻的串接条间距保持在2mm±0.5mm范围内,无碎片、隐裂、碰片、叠片、白斑等现象 ④组件内容许有1个缺角且缺角面积≤1mm²的芯片2片,而且2片不在同一串接条上 ⑤组件内钢化玻璃与TPT之间无杂物、污渍。钢化玻璃、TPT上无划痕,无破损	①接线盒内二极管正负极性正确,与簧片的夹持力符合接线盒的标准,没有任何破损和裂纹 ②接线盒壳体无缩瘪、无裂缝、无飞边,上盖四扣脚不应出现破损,字体和图标清晰准确完整,连接上下壳体的扎扣完好牢靠 ③电缆和接线盒必须连接可靠,徒手不能拉脱

序号	工序名称	工具材料	工艺要求	备注
13	外观检查	目视	⑥组件内芯片的整体倾斜度,在500mm长度内芯片边缘到铝合金边框的距离偏差不大于2mm,在500mm以上的长度内不大于3mm	
14	包装入库	目视	①无漏装、错装、包装方式错误、包装尺寸不符、包装错裂等现象 ②标贴、标志、生产日期没有用错或位置贴错、贴斜、少贴、多贴等现象 ③标贴、外箱等印刷清晰,不可缺印、印错,60cm辨认要清晰 ④带有条形码的印刷要清晰,电脑扫描要能读出 ⑤包装尺寸、印刷符合要求,防护措施有效 ⑥外箱尺寸、印刷符合要求,外箱打包带锁紧、牢固 ⑦包装时太阳能电池板应正面装箱	①打印字体清晰可辨,条码易于扫描读取 ②粘接位置正确、牢靠

说明: 相关标准如下。

SJ/T 11630—2016《太阳能电池用硅片几何尺寸测试方法》。

SJ/T 11628—2016《太阳能电池用硅片尺寸及电学表征在线测试方法》。

GB/T 30859—2014《太阳能电池用硅片翘曲度和波纹度测试方法》。

SJ/T 11631—2016《太阳能电池用硅片外观缺陷测试方法》。

SJ/T 11632—2016《太阳能电池用硅片微裂纹缺陷的测试方法》。

GB/T 30860—2014《太阳能电池用硅片表面粗糙度及切割线痕测试方法》。

2.4 太阳能电池的检测

(1) 太阳能电池组件外观标准

太阳能电池组件外观标准如表 2-5 所示。

表 2-5　太阳能电池组件外观标准

序号	项目	技术要求	检查方法或工具	备注
1	外观要求	①组件表面不允许存在可见的 EVA、硅胶、胶带印等异物的残留 ②型材与角码匹配无松动 ③钢化玻璃不允许有结石、裂纹、缺角、爆边的情况发生 ④钢化玻璃表面允许宽度小于 0.1mm,长度小于 20mm 的划伤数量小于 4 条	目视	重新擦拭或返工
2	颜色	①组件电池颜色均匀一致,允许相近颜色 ②以主体颜色为主,分为深蓝色、蓝色、浅蓝色三类 ③无明显颜色过渡的区域,明显色差的单个面积≤6mm^2、≤10mm^2,总面积≤20mm^2、≤100mm^2 ④眼睛与电池片表面成 35°角,在日常光照情况下观察电池片表面颜色,应呈"褐""紫"或"蓝"三色,目视颜色均匀,无明显色差、水痕、手印	目视	不允许电池片跳色、组件内有杂物
3	气泡	①在互连条、汇流条等导电材料上无气泡 ②组件正面的其他地方允许最大直径为 2mm 的气泡最多 3 个	目视	
4	电池片种类	①不允许不同型号、功率的电池同时在一个组件内出现 ②单个电池受光面脏污总面积≤6mm^2	目视	单晶、多晶电池可同时在一个组件内出现

序号	项目	技术要求	检查方法或工具	备注
5	电池片排列	①电池片之间的距离≥1mm ②汇流条之间的距离≥2.5mm(标准距离为5mm) ③互连条居中焊接在电池片的主栅线和背电极上,最大背离不可超过1mm ④片与片、串与串之间的距离不可背离平均值±1mm,电池串没有可见的弯曲或扭曲 ⑤电池片和框架之间的距离>9mm,两边间距要相等,左右差距不得超过3mm	目视、钢尺	
6	电池片崩边缺口掉角	①电池边缘崩边和缺口,其长度≤1mm,深度≤0.5mm(多晶≤0.8mm),数量≤2处 ②四角缺口:尺寸≤1mm×1mm,数量≤1处 ③细长形缺口:长度≤1mm,深度≤0.5mm(多晶≤0.8mm),数量≤1处 ④以上缺口崩边均不可过电极(主栅线、副栅线),每个组件缺口崩边数量≤2个 ⑤组件任意方向上不允许有连续2片的崩边、缺口或掉角的情况出现(崩边小片不过栅线)	目视、钢尺	不允许有三角形缺口和尖锐形缺口。不允许有V形缺角
7	电池裂纹裂痕	电池片不存在肉眼能看得见的裂纹	目视	
8	电池栅线	①栅线清晰,允许存在断线,其断开距离≤1mm,断开数量≤6处 ②允许有轻微虚印,面积小于电极总面积的5% ③允许存在粗点,其面积≤0.3mm×0.3mm,数量≤2处	目视、钢尺	

序号	项目	技术要求	检查方法或工具	备注
9	背面褶皱	①褶皱或凸起的高度不超过 0.5mm,长度超过 3cm 的褶皱条数不超过 3 条 ②高度不超过 0.5mm、长度不超过 3cm 的不超过 5 条	目视、钢尺	允许有轻微褶皱以及由引线引起的轻微凸起
10	背面鼓包	背面不允许有鼓包	目视	
11	内部杂质	内部允许存在面积小于 4mm² 的污垢,但不可多于 3 个	目视、钢尺	污垢不得引起内部短路
12	TPT 划伤	①TPT 划伤 ②TPT 背板膜 0.5~1cm 的划痕数量不超过 2 个,1~1.5cm 的划痕数量不超过 1 个,不允许出现大于 1.5cm 的划痕,划痕宽度小于 0.2mm,并不可划伤表层	目视	
13	TPT 凹陷	①组件背面允许有凹陷面积不超过 100mm²,深度不超过 1mm,数量不超过 3 个 ②背面 TPT(或 TPE)背板膜表面无黑点、污点,无褶皱、折痕,无污迹、空洞等现象	目视	
14	电池的焊料、助焊剂和焊锡	①无可见的焊锡或助焊剂 ②焊料、助焊剂距互连条范围≤3mm,且焊锡、助焊剂、焊料导致的污染长度≤30mm	目视	焊带与栅线之间不能有脱焊现象
15	钢化玻璃	①轻微划伤≤2 处 ②没有明显的表面划痕和污渍 ③钢化玻璃不允许有结石、裂纹、缺角、爆边的情况发生 ④钢化玻璃表面允许宽度小于 0.1mm、长度小于 20mm 的划伤数量小于 4 条 ⑤面板钢化玻璃内部不允许有长度大于 1mm 的气泡,对于长度为 0.1~0.5mm 的不得超过 4 个且不能集中出现	目视	每一个划伤长度小于 50mm、宽度在 0.5mm 以下,且手不可触摸到

続表

序号	项目	技术要求	检查方法或工具	备注
16	铝合金边框	①铝合金边框衔接角位无毛刺、批锋，无可见间隙 ②铝型材接缝配合良好，缝隙不超过0.3mm ③表面清洁干净，不得有污垢与字迹 ④所有型材断缝处、安装口处不得有毛刺 ⑤允许有不明显的轻微划伤 ⑥组件长短边框安装上下错位≤0.3mm ⑦边框变形不大于3mm ⑧流水孔错位<1.5mm ⑨组件正面边框与玻璃之间的间隙用0.3mm塞规检测 ⑩组件背面如果不溢胶，边框与TPT之间的间隙用0.3mm塞规检测，塞规深入距离<6mm	目视、塞规	铝合金边框表面应无氧化斑，无发白变色，整根上0～0.5cm的划痕数量不得超过2个，0.5～1cm的划痕数量不超过1个，不允许出现大于1cm的划痕，划痕宽度小于0.2mm，并不可划穿表层而外露基材
17	接线盒	①允许位置偏移小于1cm，角度偏移小于5° ②壳体无缩瘪、无裂缝、无飞边，上盖四扣脚不应出现破损，字体和图标清晰准确完整，连接上下壳体的扎扣完好牢靠。黏结胶溢出可见并且均匀 ③二极管极性一致，数量方向正确。与簧片的夹持力符合接线盒的标准，没有任何破损和裂纹 ④接线端子完整 ⑤上下盖连接可靠，密封圈粘接可靠，无脱落 ⑥电缆和接线盒必须连接可靠，徒手不能拉脱 ⑦接线柱、端子无生锈氧化	目视	接线盒螺母必须拧紧；沿导线伸出的竖直方向施加50～100N的拉力，导线不松脱

序号	项目	技术要求	检查方法或工具	备注
18	背部汇流条和条形码	①背部汇流条无移位,总体在组件框架内 ②条形码按指示位置放置正确 ③如果条形码的位置是正确的,则条形码旋转180°是可以接受的	目视	
19	电池片副栅线	①组件内的所有电池片的最外层栅线距电池片边缘距离≥1mm,且栅线没有可见的扭曲和弯曲 ②电池栅线在 X 方向的偏移<1mm,在 Y 方向的偏移<1mm	目视、钢尺	
20	色斑、丝网印刷	①缺印面积≤5×5mm² ②色斑面积≤5×5mm² ③丝网印刷的厚度在 5×5mm² 的矩形范围内可以允许更厚一些	目视、钢尺	丝网印刷的厚度不可超过标准厚度的2倍
21	引出线(电缆)	①引出线需要有正负极标识 ②表面字体清晰可辨,警示标签完整 ③公母头与电缆间的拉拔符合要求 ④不允许公母头有损坏或正、负极接反现象,如果出现时,需要返工处理 ⑤引出线和公母头上不允许有硅胶或脏污	目视、钢尺	

说明:

① 太阳能电池片规格有:38mm×38mm、39mm×35mm、52.5mm×52.5mm、59mm×59mm、63mm×63mm、87mm×67mm、70mm×70mm、94.5mm×79.5mm、110mm×130mm。

② AM:明朗天空,太阳在头顶的时候辐射达到最大,辐射穿过大气层的路径最短。这个最短的路径长度被称为空气质量(AM),可以近似地表示成 $AM=1/cos\theta$,θ 是太阳高度角。

③ AM1.5:用于太阳能电池的效率测量的标准太阳光谱 AM1.5G,是指 θ 为 42° 时的 AM。这样的光照射是标准化的,因此,单位时间内单位面积接收到的太阳辐射能是:1000W/m²。

（2）太阳能电池组件成品出货检验报告

太阳能电池组件成品出货检验报告如表2-6所示。

表2-6　太阳能电池组件成品出货检验报告

规格/型号		出货数量	抽检数量	
流水号SN		生产通知单编号	出货申请单编号	
序号	检验项目	检验内容	检验结果	判定
1	组件标签	①标签与设计(客户)要求一致,且清晰可读 ②流水号标签 ③功率标签 ④接线盒连接线之正负极标签(标识) ⑤其他安全标识		
2	组件外观	①外表面无破损、裂纹或磨损,且组件图形排列正确 ②外表面无弯曲、电池片裂纹、气泡或裂纹 ③表面或组件内无杂质、脏污、凹陷等 ④组件无锐利边缘及其他 ⑤TPT背板膜0.5～1cm的划痕数量不超过2个 ⑥铝合金边框与钢化玻璃配合无可视间隙,无夹胶杂物 ⑦铝合金边框表面应无氧化斑,无发白变色 ⑧钢化玻璃与太阳能片间不能出现间隙或气泡 ⑨铝合金边框衔接角位无毛刺、批锋,无可见间隙		
3	电气性能	①组件电气性能指标符合设计要求 ②电流-电压曲线不允许出现阶梯状		

规格/型号		出货数量		抽检数量	
流水号 SN		生产通知单编号		出货申请单编号	
序号	检验项目	检验内容	检验结果		判定
4	组件功率	①组件功率符合标准,且功率损耗不可超出标准 ②从太阳光模拟测试仪测试数据中查看数量,组件功率全部符合标准	实测功率: 实测功率损耗: 组件功率范围: 组件平均功率:		
5	电气特性	①短路电流(I_{sc}) ②开路电压(U_{oc}) ③最大输出工作电流(I_{mp}) ④最大输出工作电压(U_{mp}) ⑤转换效率(η) ⑥短路电流 700mA 以上(3.8×10^4lx) ⑦开路电压 20V 以上(3.8×10^4lx) ⑧功率误差±3%			
6	绝缘耐压性试验	①对组件施加 1000V(75W 以下施加 500V)电压,每平方米绝缘电阻值大于 40MΩ ②潮湿环境下对组件施加 1000V(75W 以下施加 500V)电压,每平方米绝缘电阻值大于 40MΩ ③对组件加压 3000V(75W 以下施加 1000V)电压,最大漏电流小于 50μA			
7	包装	①每个太阳能板要有单独包装以防刮花 ②包装箱外观整洁,保证印刷质量,规格及型号正确 ③数量、条形码粘贴方向与位置一致 ④功率清单,QC 检验章正确 ⑤每箱木框包装或箱四周做好硬板防护,板与板、板与箱之间不可留有活动间隙,以免物流过程中产生损坏			

说明：

① 太阳能电池板性能测试标准条件：光谱采用标准太阳光谱 AM1.5；地面阳光的总辐照度为 38000W/m^2；标准测试温度为 $25℃$，对定标测试允许差为 $+1℃$，对非定标测试允许差为 $+2℃$。

② 太阳电池组件测试项目有空载开路电压（U_P）、工作电压（U_O）、短路电流（I_D）、工作电流（I_O）、输出功率（P_W）、暗态阻抗（R_A）。

③ 太阳电池组件检验使用相关联的仪器、工具、其他辅助器：卤素灯 400W（距离被测试电池板 260mm）、卤素灯控制器（在 $10{\sim}400\text{W}$ 范围内调节）、标准电池板（用作测试标准的参照）、可调节模拟电子负载（$0{\sim}10\text{A}$）、数字式照度计、高精度数字式直流电压表、低内阻数值电流表、数字式温度计。

④ IPQC 的检验形式有首件检验、在线检验、完工检验、末件检验。首件检验是指在批量产品生产中对第一件产品进行的检验，主要目的和作用是检验工序是否处于良好的工作状态。

(3) 太阳能板连接方式

太阳能板连接方式如表 2-7 所示。

表 2-7　太阳能板连接方式

序号	名称	示意图	缺点	说明	备注
1	串联		一块太阳能板损坏、开路或被阴影遮住，损失的不是一块太阳能板的功率，而是整串太阳能板都将失去作用	组件连接成一串的时候，最终电压为单块组件之和	①不同型号的组件不能连接在一串内 ②建议将同样型号、同样电流分挡的组件放置在一个串内，这样有助于提高功率输出

序号	名称	示意图	缺点	说明	备注
2	并联			组件是平行并联在一起的时候,最终电流为单块组件之和	
3	混联		将对应太阳能板之间连接起来,这样,即使有少数太阳能板失效,也不至于对整个太阳能板矩阵输出造成严重损失		——二极管 ——过电流保护器 ——连接器

说明:

① 在确定光伏发电系统配件时,如额定电压、导线容量、熔丝容量等和组件功率输出有关联的参数时,应将相应的短路电流和开路电压放大 1.25 倍方可应用。

② 并联数量大于或等于 2 串,在每串组件上必须有一个过电流保护装置。

③ 每串组件可以串联的最大数量必须根据相关规定的要求计算,其开路电压在当地预计的最低气温条件下的值不能超过组件规定的最大系统电压值。

④ 接线盒有连接好的电缆线和防护等级为 IP67 的连接器。

⑤ 现场连接用的电缆线必须能满足组件最大短路电流要求,只采用符合光伏直流要求的耐光照电缆线,最小的线径为 4mm。

⑥ 通过把一个组件导线另一端的正极接口插入相邻组件的负极导线的插口,就可以把两个组件串联。

⑦ 有超过组件最大熔丝电流的反向电流通过组件,必须使用相同规格的过电流保护装置来保护组件。

（4）太阳能板最佳安装倾角

我国主要 30 个城市平均日照及最佳安装倾角如表 2-8 所示。

表 2-8 我国主要 30 个城市平均日照及最佳安装倾角

序号	城市	纬度/(°)	最佳倾角/(°)	平均日照小时/h	序号	城市	纬度/(°)	最佳倾角/(°)	平均日照小时/h
1	北京	39.8	纬度+4	5	16	杭州	30.23	纬度+3	3.43
2	天津	39.10	纬度+5	4.65	17	南昌	28.67	纬度+2	3.80
3	哈尔滨	45.68	纬度+3	4.39	18	福州	26.08	纬度+4	3.45
4	沈阳	41.77	纬度+1	4.60	19	济南	36.68	纬度+6	4.44
5	长春	43.90	纬度+14	4.75	20	郑州	34.72	纬度+7	4.04
6	呼和浩特	40.78	纬度+3	5.57	21	武汉	30.63	纬度+7	3.80
7	太原	37.78	纬度+5	4.83	22	广州	23.13	纬度−7	3.52
8	乌鲁木齐	43.78	纬度+12	4.60	23	长沙	28.20	纬度+6	3.21
9	西宁	36.75	纬度+1	5.45	24	香港	22.00	纬度−7	5.32
10	兰州	36.05	纬度+8	4.40	25	海口	20.03	纬度+12	3.84
11	西安	34.30	纬度+14	3.59	26	南宁	22.82	纬度+5	3.53
12	上海	31.17	纬度+3	3.80	27	成都	30.67	纬度+2	2.88
13	南京	32.00	纬度+5	3.94	28	贵阳	26.58	纬度+8	2.86
14	合肥	31.85	纬度+9	3.69	29	昆明	25.02	纬度−8	4.25
15	拉萨	29.70	纬度−8	6.70	30	银川	38.48	纬度+2	5.45

说明：安装倾角是指太阳电池方阵的安装倾角，是方阵的垂直面与正南方向的夹角（向东偏设定为负角度，向西偏设定为正角度）。

CHAPTER **3**

第3章 >>>

风力发电机

　　风力发电是在风力提水的基础上发展起来的，起源于丹麦，丹麦是世界上生产风力发电设备的大国之一。20 世纪 70 年代的石油危机与环境问题，引起全世界人民考虑可再生能源开发利用问题，风力发电提上了议事日程。风力发电是最具开发利用前景的，也是21 世纪发展最快的一种可再生能源。本章所说的风力发电是指小型风力发电，是家庭、LED 路灯、LED 景观灯或监控系统等所用的风力发电机（小型风力发电机）。一般把发电功率在 10kW 及其以下的风力发电机称作小型风力发电机。

>3.1 风力发电机特性

　　随着全球化石油能源的枯竭及气候变化形势的日益严峻，世界各国都认识到了发展清洁可再生能源的重要性，风能是其中之一，受到了世界各国的高度重视，所以风电产业也得到了迅速发展。风

62 风光互补 LED 照明系统设计及应用 ‹‹‹

力发电的原理是将风的动能转换为风轮轴的机械能，然后将风轮轴的机械能转换成电能。小型风力发电机一般在风力资源较丰富的地区使用，即年平均风速在 3m/s 以上，全年 3～20m/s 有效风速累计时数 3000h 以上，全年 3～20m/s 平均有效风速的风能密度 100W/m^2 以上的地区。这样才能充分地利用当地的风力资源，最大限度地发挥风力发电机的效率，取得较高的效益。在由机械能转换为电能的过程中，发电机及其控制器是整个系统的核心。独立运行的风力发电机组中所用的发电机主要有直流发电机、永磁式交流发电机、硅整流自励式交流发电机及电容自励式异步发电机。

(1) 直流发电机

直流发电机从磁场产生（励磁）的角度来分，可分为永磁式直流发电机和电磁式直流发电机。直流发电机可直接将电能送给蓄电池蓄能，可省去整流器，随着永磁材料的发展及直流发电机的无刷化，永磁直流发电机的功率不断做大，性能大大提高。

(2) 永磁式交流同步发电机

永磁式交流同步发电机的转子上没有励磁绕组，采用钕铁硼永磁材料制造的发电机体积小，重量轻，制造工艺简单，广泛应用于小型及微型风力发电机。

(3) 硅整流自励式交流同步发电机

硅整流自励式交流同步发电机一般带有励磁调节器，通过自动调节励磁电流的大小，来抵消因风速变化而导致的发电机转速变化对发电机端电压的影响，延长蓄电池的使用寿命，提高供电质量。

(4) 电容自励式异步发电机

电容自励式异步发电机是在异步发电机定子绕组的输出端接上电容，以产生超前于电压的容性电流建立磁场，从而建立电压。

说明：风力发电机的功率有微型（额定功率 50～1000W）、小型（额定功率 1.0～10kW）、中型（额定功率 10～100kW）和大型（额定功率大于 100kW）。

风力发电机相关标准如下：

GB/T 17646—2017《小型风力发电机组》。

GB/T 29494—2013《小型垂直轴风力发电机组》。

GB/T 18451.1—2012《风力发电机组 设计要求》。

GB/T 29494—2013《小型垂直轴风力发电机组》。

GB/T 18451.2—2012《风力发电机组 功率特性测试》。

JB/T 10194—2000《风力发电机组风轮叶片》。

NB/T 31048.1—2014《风力发电机用绕组线 第 1 部分：一般规定》。

NB/T 31048.2—2014《风力发电机用绕组线 第 2 部分：240级》。

NB/T 31048.3—2014《风力发电机用绕组线 第 3 部分：聚酯薄膜补强云母带绕包铜扁线》。

NB/T 31048.4—2014《风力发电机用绕组线 第 4 部分：玻璃丝包薄膜绕包铜扁线》。

NB/T 31048.5—2014《风力发电机用绕组线 第 5 部分：180级及以上浸漆玻璃丝包漆包铜扁线》。

NB/T 31048.6—2014《风力发电机用绕组线 第 6 部分：聚酰亚胺薄膜补强云母带绕包铜扁线》。

NB/T 31049—2014《风力发电机绝缘规范》。

NB/T 31050—2014《风力发电机绝缘系统的评定方法》。

NB/T 31056—2014《风力发电机组接地技术规范》。

GB/T 18451.1—2012《风力发电机组 设计要求》。

JB/T 10395—2004《离网型风力发电机组 安装规范》。

NB/T 34002—2011《农村风光互补室外照明装置》。

QB/T 4146—2010《风光互补供电的 LED 道路和街路照明装置》。

根据旋转轴的不同，风力发电机主要分为水平轴风力发电机和垂直轴风力发电机两类，目前市场上水平轴风力发电机占主流位置，如图 3-1 所示。

① 水平轴风力发电机。风轮的旋转轴与风向平行，旋转轴与叶片垂直，一般与地面平行，旋转轴处于水平的风力发电机。

② 垂直轴风力发电机。风轮的旋转轴垂直于地面或者气流方向，旋转轴与叶片平行，一般与地面垂直，旋转轴处于垂直的风力发电机。

水平轴风力发电机可分为升力型和阻力型两类。升力型旋转速度快，阻力型旋转速度慢。对于风力发电机，多采用升力型水平轴风力发电机。大多数水平轴风力发电机具有对风装置，能随风向改变而转动。对于小型风力发电机，对风装置采用尾舵。

垂直轴风力发电机，风轮的旋转轴垂直于地面或者气流的方向，主要分为阻力型和升力型。阻力型垂直轴风力发电机主要是利用空气流过叶片产生的阻力作为驱动力，而升力型则是利用空气流过叶片产生的升力作为驱动力。由于叶片在旋转过程中，随着转速的增加阻力急剧减小，而升力反而会增大，所以升力型的垂直轴风力发电机的效率要比阻力型的高很多。

风轮叶片采用尼龙玻纤材质，柔韧性强，安全系数高。配以优化的气动外形设计和结构设计，风能利用系数高，增加了年发电量。发电机采用德国引进的专利技术稀土永磁三相交流电，配以特殊的定子设计，有效地降低发电机的阻转矩，同时使风轮与发电机具有更为良好的匹配特性，保证机组运行的可靠性。

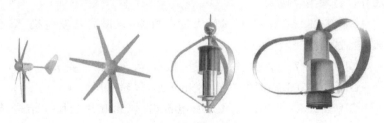

图 3-1　水平轴风力发电机

中国质量认证中心（CQC）风力发电机组系列零部件产品认证规则：

CQC34-461123—2014《风力发电机组异步发电机认证规则》。

CQC34-461124—2014《风力发电机组低速永磁同步发电机认证规则》。

CQC34-461314—2014《风力发电机组齿轮箱认证规则》。

CQC34-461315—2014《风力发电机组风轮叶片认证规则》。

CQC34-461297—2014《风力发电机组控制器认证规则》。

CQC34-461298—2014《风力发电机组全功率变流器认证规则》。

CQC34-461299—2014《风力发电机组双馈式变流器认证规则》。

风力发电机组国家标准：

GB/T 19071.1—2018《风力发电机组 异步发电机 第1部分：技术条件》。

GB/T 19071.2—2003《风力发电机组 异步发电机 第2部分：试验方法》。

GB/T 23479.1—2009《风力发电机组 双馈异步发电机 第1部分：技术条件》。

GB/T 23479.2—2009《风力发电机组 双馈异步发电机 第2部分：试验方法》。

GB/T 25389.1—2018《风力发电机组 永磁同步发电机 第1部分：技术条件》。

GB/T 25389.2—2018《风力发电机组 永磁同步发电机 第2部分：试验方法》。

GB/T 19073—2018《风力发电机组 齿轮箱设计要求》。

GB/T 25383—2010《风力发电机组 风轮叶片》。

GB/T 25384—2010《风力发电机组 风轮叶片全尺寸结构试验》。

JB/T 10194—2000《风力发电机组风轮叶片》。

GB/T 19069—2017《失速型风力发电机组 控制系统 技术条件》。

GB/T 19070—2017《失速型风力发电机组 控制系统 试验方法》。

GB/T 25387.1—2010《风力发电机组 全功率变流器 第 1 部分：技术条件》。

GB/T 25387.2—2010《风力发电机组 全功率变流器 第 2 部分：试验方法》。

GB/T 25388.1—2010《风力发电机组 双馈式变流器 第 1 部分：技术条件》。

GB/T 25388.2—2010《风力发电机组 双馈式变流器 第 2 部分：试验方法》。

北京鉴衡认证中心有限公司风力发电机认证规则：

CGC-R49031—2017《风力发电机组 低压电涌保护器（SPD）产品认证实施规则》。

CGC-R49029—2016《风力发电机组变桨距系统 产品认证实施规则》。

CGC-R46001—2016A《风力发电机组认证实施规则》。

CGC-R46002—2012《风力发电机组风轮叶片产品认证实施规则》。

CGC-R46003—2006《风力发电机组用双馈异步发电机产品认证实施规则》。

CGC-R46004—2015《风力发电机组齿轮箱产品认证实施规则》。

CGC-R46012—2015《风力发电机组高速轴盘式制动器产品认证实施规则》。

CGC-R46013—2015《风力发电机组偏航液压盘式制动器产品认证实施规则》。

CGC-R46014—2015《风力发电机组 发电机产品认证实施规则》。

CGC-R46021—2011《风力发电机组双馈式变流器产品认证实施规则》。

CGC-R46022—2011《风力发电机组全功率变流器产品认证实施规则》。

CGC-R46023—2011《风力发电机组塔架产品认证实施规则》。

CGC-R46024—2011《风力发电机组主轴产品认证实施规则》。

CGC-R46025—2011《风力发电机组润滑油产品认证实施规则》。

CGC-R46026—2011《风力发电机组塔架法兰产品认证实施规则》。

CGC-R46027—2011《风力发电机组风轮叶片结构胶黏剂产品认证实施规则》。

CGC-R46028—2011《风力发电机组风轮叶片夹芯材料产品认证实施规则》。

CGC-R46029—2011《风力发电机组风轮叶片热固性树脂产品认证实施规则》。

CGC-R46030—2011《风力发电机组风轮叶片保护涂层产品认证实施规则》。

CGC-R46031—2011《风力发电机组风轮叶片增强材料产品认证实施规则》。

CGC-R46032—2011《风力发电机组球墨铸铁产品认证实施规则》。

CGC-R46034—2011《风力发电机组紧固件产品认证实施规则》。

CGC-R46035—2011《风力发电机组变桨系统产品认证实施规则》。

CGC-R46036—2011《风力发电机组主控制器产品认证实施规则》。

CGC-R46037—2011《风力发电机组润滑脂产品认证实施规则》。

CGC-R46046—2011《风力发电机组风轮叶片竹纤维复合材料产品认证实施规则》。

CGC-R46048—2012《风力发电机组振动状态监测系统产品认证实施规则》。

CGC-R46052—2013《风力发电机组双馈异步发电机产品认证实施规则》。

CGC-R46053—2013《风力发电机组低速永磁同步发电机产品认证实施规则》。

CGC-R46064—2014《风力发电机组风轮叶片（全过程质量控制）认证实施规则》。

CGC-R46071—2015《风力发电机组自动消防系统产品认证实施规则》。

CGC-R46073—2015《风力发电机组主轴轴承产品认证实施规则》。

CGC-R46075—2015《风力发电机组偏航变桨轴承产品认证实施规则》。

3.2 风力发电机组成

风力发电机是将风能转化为电能的装置，采用永磁直驱发电机，由风力发电机主机、叶片、轮毂、主轴、导流罩、尾舵板、机械部件和电气部件组成。小型风力发电机一般由风轮、发电机、调速和调向机构、停车机构、塔架及拉索等组成。小型风力发电机如图 3-2 所示。

风力发电机整机结构简单，重量轻，低速发电性能良好，可靠性高，安装维护方便，易搬迁。应用于路灯系统的风力发电机组通常功率为 300～1000W。当遇到大风时，控制器内的检测电路会根据发电量大小（风力大小）自动控制发电机进行软刹车。

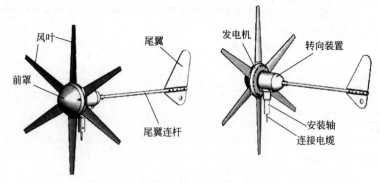

图 3-2　小型风力发电机

① 风轮　一般由叶片（两个或多个，安装在机头上）、轮毂、盖板、连接螺栓组件和导流罩组成。风轮是风力发电机最关键的部件，是把风能转化为机械能的主要部件。

说明：风轮产生的功率与空气的密度成正比，与风轮直径的平方成正比，与风速的立方成正比，与风轮的效率成正比。风力发电机风轮的效率一般在 0.35～0.45。

② 机头　主要是发电机和安装尾翼的支座等，能绕塔架中的竖直轴自由转动。

③ 尾翼　一般装于机头之后，尾翼对风轮起到调向和调速的作用。

说明：

① 风轮安装在轮毂上，它包括叶片、轮毂等。风轮是风力发电机接受风能的部件。

② 制动器是使风力发电机停止运转的装置，也称刹车。

③ 叶片接受风能而转动，再将动力传给发电机，发电机是将风能转变成电能的设备。

④ 叶片　叶片是风力发电机中最基础和最关键的部件，为了保证机组在恶劣的环境中长期不停地运转，对叶片的要求如下：

a. 密度小且具有最佳的疲劳强度和力学性能，能经受暴风等极端恶劣条件和随机负载的考验。

b. 叶片的弹性、旋转时的惯性及其振动频率特性曲线都正常，传递给整个发电系统的负载稳定性好，不会在离心力的作用下拉断并飞出及在风压的作用下折断，也不得在飞车转速以下范围内引起整个风力发电机组的强烈共振。

c. 叶片的材料表面光滑以减小风阻。

d. 叶片不会产生强烈的电磁波干扰和光反射以及大噪声，其耐腐蚀、紫外线照射和雷击的性能好。

e. 成本低，维护简单。

说明：风轮叶片数目为 1～10 片（大多为 3 片、5 片、6 片），它在高速运行时有较高的风能利用率，但启动时需要较高的风速。

3.3 风力发电机参数

风力发电机因风量不稳定，故其输出的是 13～25V 变化的交流电，须经充电器整流，再对蓄电池充电，使风力发电机产生的电能变成化学能。风力发电机组采用先进的稀土材料研制，大幅度降低了风力发电机的机械阻力和摩擦阻力，从而使风力发电机的启动风速大幅度降低。风速为 2.5m/s 左右时开始发电，这就使得低风速区的风力资源得到更充分的应用，同时还大幅提高了风能利用率，在相同风速下，和国内外先进水平的同型号风力发电机相比，可增加发电输出功率 20% 左右。

风力发电机主要技术参数包括启动风速、额定风速、切出风速、额定电压、最大功率、额定功率、额定转速等。

(1) 启动风速

风力发电机可以启动发电的风速，一般为 3～5m/s，持续 5～10min 风机自动启动，开始运行。

(2) 额定风速

风力发电机已额定功率运行时的风速。不同类型风机其额定风速不同。

(3) 切出风速

大风时，风力发电机自动停止运行的风速。分为瞬时切出风速和持续切出风速两种。

说明：目前世界上风力发电机利用最多的形式是水平轴与垂直轴。低风速发电性能优越的风力发电机，在风速为 2.5m/s 左右时开始发电，使得低风速区的风力资源得到更充分的应用。

某公司生产的风力发电机（水平轴发电机），功率为 400～3000W。采用三相永磁发电机，发电效率比国内外同类小型风力发电机高约 10%。电机绝缘等级采用 H 级绝缘，2～3m/s 风速区年平均发电量比同功率风力发电机高约 60%，5～6m/s 风速区年平均发电量高约 40%。风力发电机的参数如图 3-3 所示。

图 3-3　风力发电机的参数

广州红鹰能源科技有限公司生产的 HY1000L-48V 风力发电机组的技术参数如表 3-1 所示。

表 3-1 HY1000L-48V 风力发电机组技术参数

序号	项目	参数
1	额定输出功率/W	1000
2	风轮直径/m	1.96
3	额定电压/V	DC 48
4	最大风能利用系数	≥0.36
5	启动风速/(m/s)	≤2.5
6	切入风速/(m/s)	≤3
7	额定风速/(m/s)	12
8	安全风速/(m/s)	≤50
9	叶片数/片	5
10	风轮静平衡量/g·mm	G16
11	风轮叶尖轴向跳动量/mm	≤6.5
12	机组效率/%	≥25
13	风轮单位扫掠面积材料占有/(kg/m^2)	≤20
14	噪声/dB	≤70
15	发电机效率	≥70
16	振动	在工作风速内不得有明显振动
17	镀层质量	均匀、色泽一致、牢固
18	标志	明显、牢固、信息完整
19	成套性	随机零部件及技术文件齐全

中国质量认证中心（CQC）推出离网型风力发电机组认证业务，其认证规则如下：CQC16-461132—2012《离网型风力发电机组认证规则》，GB/T 19068.1—2017《离网型风力发电机组技术条件》；GB/T 19068.2—2017《离网型风力发电机组试验方法》。

深圳泰玛风光能源科技有限公司生产的风力发电机，功率为 300~3000W。磁悬浮风力发电机利用风能转化为机械能来切割磁力线发出交流电，叶片采用高强度轻型铝合金，转动平稳、无机械噪声、安全可靠，寿命长达 20 年。风机抗风速达 60m/s，抗台风；应用达克罗技术，防腐蚀、抗风沙性能优越。磁悬浮风力发电机外形如图 3-4 所示。泰玛垂直轴风力发电机参数如表 3-2 所示。

交流发电机采用永磁转子磁路结构，配以特殊的定子设计，有效地降低了发电机的阻转矩,同时使风轮与发电机具有更为良好的匹配特性,扩大了有效风速范围,增加了年发电量。

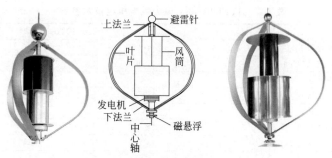

上法兰　避雷针
叶片　风筒
发电机下法兰　磁悬浮　中心轴

图 3-4　磁悬浮风力发电机外形

垂直轴磁悬浮风力发电机的安装条件:

① 在城市、郊区和农村的道路、庭院、房顶及开阔空旷之处,也可以安装于船舶、海岛、社区和学校(用于风力风电教学)等。

② 年平均风速在 3m/s 以上的地方都可以安装。

③ 地表安装尽可能选择风能资源最佳的地方,且基础安装必须选择可以深度挖掘的地方。

④ 房顶安装必须确保建筑结构足以支撑风机总体重量以及承受强风条件下塔杆施加的载荷。

⑤ 磁悬浮风力发电机的安装环境:最大温度范围为－40～50℃(控制器的工作温度一般为－20～50℃),相对湿度为 5%～95%(但不结露),海拔高度为 0～3000m。

表 3-2　泰玛垂直轴风机发电机参数

名称	1	2	3	4	5
产品规格	CXF300A/B	CXF400A/B	CXF600A/B	CXF1000A/B	CXF3000I/II
额定功率/W	300	400	600	1000	3000
尺寸(高度/直径)/mm	1080/φ1240	1100/φ1300 或 1320/φ1457	1500/φ1700	2300/φ2500 或 2360/φ2690	3370/φ3500 或 4640/φ4650
质量/kg	24.5/24	28/43	50/51	188/171	520/970
叶片材质	铝合金	铝合金	铝合金	铝合金	铝合金
叶片数量	3	3	3	3	3

名称	1	2	3	4	5
启动风速 /(m/s)	1.3	1.5	1.5	1.5/2.5	2/3
切入风速 /(m/s)	3/2.7	3/5	4/5	3.5/4.5	3
额定风速 /(m/s)	13	13	12	13	13
切离风速 /(m/s)	15	15	15	15/20	15
可耐风速 极限/(m/s)	65	65	45	50/55	50
发电机类型	三相交流电	三相交流电	三相交流电	三相交流电	三相交流电
控制器 输出电压/V	24/12	24/48	24/48	48/96	48/96
控制器 输出电流/A	<20/25	<25/20	<30	<50/30	<80
控制器 刹车系统	过速自动卸荷 稳速控制 三相短路刹车	过速自动卸荷 稳速控制 三相短路刹车	过速自动卸荷 稳速控制 三相短路刹车	过速自动卸荷 稳速控制 三相短路刹车	过速自动卸荷 稳速控制 三相短路刹车
正常工作 温度/℃	−45～50	−40～50/ −45～50	−40～50	−40～50	−40～50

　　某公司生产有 100W、200W、300W、500W、1kW、2kW、3kW、5kW、10kW、20kW、30kW、50kW 系列的风力发电机组，其中 Q1 磁悬浮型垂直轴风力发电机，启动风速低，体积小，外形美观，运行振动小；风轮叶片采用优质铝合金板，叶片表面采用喷塑或氧化处理，防腐蚀性能增强，既美观又耐用，颜色可根据客户要求制作；发电机采用专利技术的永磁转子交流发电机，配以特殊的转子设计，有效地降低了发电机的阻转矩，仅为普通电机的1/3，同时使风轮与发电机具有更为良好的匹配特性，保证机组运行的可靠性。Q1 磁悬浮型垂直轴风力发电机的外形如图 3-5 所示，额定功率为 100W 与 200W。

　　风力发电机检测报告如表 3-3 所示。

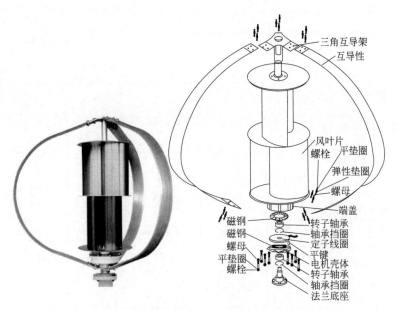

图 3-5　Q1 磁悬浮型垂直轴风力发电机外形

表 3-3　风力发电机检测报告

产品名称		合同编号		检验日期	
规格型号		规格型号		出货数量	
检验标准	① GB/T 19068.1—2017《离网型风力发电机组　第 1 部分:技术条件》 ② GB/T 2828.1—2012《计数抽样检验程序　第 1 部分:按接收质量限（AQL)检索的逐批检验抽样计划》				

抽样水平	缺陷分类	AQL	抽样数量	判定数	
				Ac	Re
S-1	A	1.0	2	0	1
S-2	B	2.5	3	0	1
I	C	4.0	5	0	1
序号	检验项目	检验要求	检验方法	缺陷类别	缺陷数
1	数量	订单	目视	B	
2	包装	订单	目视	C	
3	外观	订单	目视	C	
4	错装	订单	目视	B	
5	铭牌	订单、规格书	目视	B	
6	标识	订单、规格书	目视	C	

序号	检验项目	检验要求	检验方法	缺陷类别	缺陷数
7	接线端子	规格书	螺丝刀（螺钉旋具）	C	
8	转动	规格书	耐压测试仪	B	
9	耐压测试	订单、规格书	数字测速计	A	
10	额定负载转速	规格书	风机综合测试台	A	
11	额定输出功率	规格书	风机综合测试台	A	
12	额定输出电流	规格书	风机综合测试台	A	
13	额定输出电压	规格书	风机综合测试台	A	
14	风机起动（转）力	规格书	标准砝码	A	
序号	检验项目	参数	参数1	参数2	参数3
1	耐压测试	AC 1000V/5MA 30s			
2	额定负载转速	≤900r/min			
3	额定输出功率	400W			
4	额定输出电流	33.3A			
5	额定输出电压	12V			
6	风机启动（转）力矩	≤0.2N·m			
检验结果		A类不合格：	B类不合格：		C类不合格：
结果判定					
检验员		审核		日期	

CHAPTER 4

第4章 >>>

蓄电池

>>4.1 蓄电池基础知识

(1) 蓄电池的发展历史

铅酸蓄电池是 1859 年由普兰特（Plante）发明的。铅酸蓄电池发展历程如表 4-1 所示。铅酸蓄电池自发明后，在化学电源中一直占有绝对优势。

说明：蓄电池又称为二次电池，是指放电到一定程度后，经过充电又能复原续用的电池。

表 4-1　铅酸蓄电池发展历程

序号	日期	贡献者或国家	发展过程或历史事件	备注
1	1859 年	普兰特	发明了铅酸蓄电池	法国
2	1912 年	Thomas Edison	提出在单体电池的上部空间使用铂丝	
3	1960 年代	美国 Gates 公司	发明铅钙合金，引起了密封铅酸蓄电池开发热潮	

序号	日期	贡献者或国家	发展过程或历史事件	备注
4	1969～1970 年	美国 EC 公司	最早的商业用阀控式铅酸蓄电池	
5	1975 年	GatesRutter 公司	开发出 VRLA 的电池原型	
6	1979 年	GNB 公司	大规模宣传并生产大容量吸液式密封免维护铅酸蓄电池	
7	1984 年		VRLA 电池在美国和欧洲得到小范围应用	
8	1991 年	英国电信部门	"密封免维护铅酸电池"名称正式被"VRLA 电池"取代	
9	1992 年		VRLA 电池用量在欧洲和美洲都大幅度增加,在亚洲国家电信部门提倡全部采用 VRLA 电池	
10	1996 年		VRLA 电池基本取代传统的富液式电池	

20 世纪 90 年代 VRLA 蓄电池产品在我国迅速发展,单体电池容量达到 3000A·h。目前电厂和变电站直流电源普遍采用免维护蓄电池,从运行情况看,免维护蓄电池性能稳定、可靠,维护工作量小,受到设计和使用人员的普遍欢迎。

(2) 铅酸蓄电池的分类

① 铅酸蓄电池的规格有 2V、4V、6V、8V、12V、24V 系列,容量为 200mA·h～3000A·h。单节蓄电池的浮充充电电压一般为 2.23V;单节蓄电池的均衡充电电压一般为 2.35V。

② 按照电解液多少和电池槽结构分为传统开口铅酸蓄电池(富液式)和阀控式密封铅酸蓄电池(贫液式)。

说明:前者为开口半密封式结构,电解液处于富液状态,使用过程中需要加水调节酸密度。后者为全密封式结构,电解液为贫液状态,使用过程中不需要进行加水或加酸维护,简称 VRLA 电池。

③ 按照结构分类:

$$铅酸蓄电池\\(按结构)\begin{cases}老式开口式铅酸蓄电池\\固定型铅酸蓄电池\begin{cases}防酸隔爆式(半密封)\\防酸消氢式(密封)\end{cases}\\阀控密封铅酸蓄电池\begin{cases}超细玻璃纤维隔板型\\硅溶胶体型\end{cases}\end{cases}$$

说明： 防酸隔爆式铅酸蓄电池盖上装有防酸隔爆帽，"防酸"是指酸雾不易析出蓄电池外部，"隔爆"是指蓄电池内部不致引起爆炸。消氢式铅酸蓄电池在盖上装有"催化栓"，能够促使氢和氧合成水返回蓄电池内部。

(3) 铅酸蓄电池介绍

铅酸蓄电池主要由正负极板、隔板、电池盖、极柱、注液盖、硫酸电解液、电池槽体等主要部件组成。各种铅酸蓄电池根据其用途不同有不同的要求，从而在结构上也有差异。阀控密封型铅酸蓄电池还有安全阀、接线端子。铅酸蓄电池的外形如图 4-1 所示。铅酸蓄电池的结构如图 4-2 所示。

图 4-1　铅酸蓄电池外形

常用的铅酸蓄电池有普通蓄电池、十荷蓄电池、免维护蓄电池。铅酸电池工作电压有 2V、4V、6V、8V、12V、24V 等系列，容量为 200mA·h～3000A·h。

启动型蓄电池主要用于汽车、摩托车、拖拉机、柴油机等作为启动或照明的动力。

固定型蓄电池主要用于通信、发电厂、计算机系统作为保护、自动控制的备用电源。

牵引型蓄电池主要用于各种蓄电池车、叉车、铲车等作为动力电源。

铁路用蓄电池主要用于铁路内燃机车、电力机车、客车作为启动或照明的动力。

储能用蓄电池主要用于风力、太阳能等发电，用作电能储存。

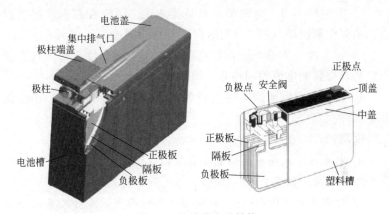

图 4-2　铅酸蓄电池结构

说明：

① 蓄电池外电路断开时，其正、负极间的电位差称为蓄电池的电动势。蓄电池外电路闭合时，其正、负极间的电位差称为蓄电池的端电压。

② 蓄电池不宜过度放电，蓄电池放电后，应立即再充电，以免因搁置时间太长，不能恢复容量。

① 正负极板　正负极板是由板栅和活性物质构成的，板栅的作用为支承活性物质、传导电流，使电流分布均匀。

② 隔板　隔板的主要作用是防止正负极板短路，使电解液中正负离子顺利通过，阻缓正负极板活性物质的脱落，防止正负极板

因振动而损伤。以铅锑合金为骨架，上面紧密地涂上铅膏，经过化学处理后，正、负极板上形成各自的活性物质，正极的活性物质是 PbO_2，负极的活性物质是海绵铅，在成流过程中，负极被氧化，正极被还原，负极板一般为深灰色，正极板为暗棕色。

说明： 隔板有水隔板、玻璃纤维隔板、微孔橡胶隔板、塑料隔板等。要求隔板具有高度的多孔性、耐酸、不易变形、绝缘性能要好，并且有良好的亲水性及足够的机械强度。

③ 电解液　电解液是蓄电池的重要组成部分，它的作用是传导电流、参加电化学反应。

④ 电池槽、盖　电池槽、盖是盛放正、负极板和电解液的容器，主要由聚丙烯（PP）、ABS 树脂等材料制成。

⑤ 安全阀　安全阀是阀控电池的一个关键部件。安全阀质量的好坏直接影响电池使用寿命、均匀性和安全性。

⑥ 其他　蓄电池除上述主要部件外，还有接线端子、连接条等零部件。

说明：

① 电池端子是高硬度铅基合金或铜镀银端子，耐腐蚀性能好、导电性能优良、强度高。

② 外壳采用 ABS 外壳，分粘接和热封两种，后者尤其适合于振动大、环境温度变化大、要求电池使用寿命特别长的场合。

③ 密封胶采用三次密封技术，第一层为铅套焊接密封，试压后用堵微孔密封胶密封，最后采用红黑胶密封，确保电池使用期间不会出现渗酸缺陷。

④ 安全阀采用耐酸耐热性能优异的三元乙丙橡胶制成，确保电池使用期间的安全性、可靠性。

⑤ 极板的板栅采用耐腐性优良的铅钙锡基多元合金。

⑥ 隔板采用耐酸耐热性能良好的超细玻璃纤维制成，防止正负极短路，保持电解液紧紧压迫极板表面，防止活性物质脱落。

⑦ 铅酸电池可以进行 CQC 标志认证，认证标准为 CQC16-464215—2010《铅酸蓄电池 CQC 标志认证实施规则》。

4.2 蓄电池工作原理

(1) 工作原理

铅酸蓄电池的电化学反应原理就是充电时将电能转化为化学能在电池内储存起来，放电时将化学能转化为电能供给外系统。其充电和放电过程是通过电化学反应完成的，电化学反应式如下：

正极：$PbSO_4 + 2H_2O \underset{放电}{\overset{充电}{\rightleftharpoons}} PbO_2 + HSO_4^- + 3H^+ + 2e^-$

负极：$PbSO_4 + H^+ + 2e^- \underset{放电}{\overset{充电}{\rightleftharpoons}} Pb + HSO_4^-$

整个反应式：

$$PbSO_4 + 2H_2O + PbSO_4 \underset{放电}{\overset{充电}{\rightleftharpoons}} PbO_2 + 2H_2SO_4 + Pb$$

| 硫酸铅 | 水 | 硫酸铅 | 正极活性物质 | 电解液 | 负极活性物质 |

① 充电过程。蓄电池将外电路提供的电能转化为化学能，负极得到电子还原为金属铅，正极失去电子被氧化为二氧化铅。

② 放电过程。蓄电池将化学能转变为电能输出，负极失去电子被氧化为硫酸铅，正极得到电子还原为硫酸铅。由于两极活性物质均转化为 $PbSO_4$，所以常称为"双极硫酸盐化"理论。

说明：相关标准如下。

CB/T 3821—2013《船舶通讯、照明用铅酸蓄电池》。

CB 837—1996《蓄电池舱口盖规范》。

DL/T 1397.1—2014《电力直流电源系统用测试设备通用技术条件 第1部分：蓄电池电压巡检仪》。

DL/T 1397.2—2014《电力直流电源系统用测试设备通用技术条件 第2部分：蓄电池容量放电测试仪》。

DL/T 1397.5—2014《电力直流电源系统用测试设备通用技术条件 第 5 部分：蓄电池内阻测试仪》。

DL/T 1397.7—2014《电力直流电源系统用测试设备通用技术条件 第 7 部分：蓄电池单体活化仪》。

GB/T 22473—2008《储能用铅酸蓄电池》。

GB/T 23636—2017《铅酸蓄电池用极板》。

GB/T 23754—2009《铅酸蓄电池槽》。

JB/T 11236—2011《铅酸蓄电池中镉元素测定方法》。

JB/T 11256—2011《铅酸蓄电池槽盖封合 技术规范》。

SN/T 3734—2013《进出口铅酸蓄电池危险特性检验规程》。

T/CEC 131.1—2016《铅酸蓄电池二次利用 第 1 部分：总则》。

T/CEC 131.2—2016《铅酸蓄电池二次利用 第 2 部分：电池评价分级及成组技术规范》。

T/CEC 131.4—2016《铅酸蓄电池二次利用 第 4 部分：电池维护技术规范》。

T/CEC 131.5—2016《铅酸蓄电池二次利用 第 5 部分：电池贮存与运输技术规范》。

JB/T 11340.1—2012《阀控式铅酸蓄电池安全阀 第 1 部分：安全阀》。

JB/T 11340.2—2012《阀控式铅酸蓄电池安全阀 第 2 部分：塑料壳体》。

JB/T 11340.3—2012《阀控式铅酸蓄电池安全阀 第 3 部分：橡胶帽、阀芯》。

JB/T 11340.4—2012《阀控式铅酸蓄电池安全阀 第 4 部分：橡胶垫、圈》。

JB/T 11340.5—2012《阀控式铅酸蓄电池安全阀 第 5 部分：微孔滤酸片》。

铅酸蓄电池电化学反应过程如图 4-3 所示。

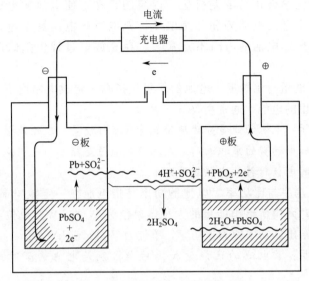

图 4-3 铅酸蓄电池电化学反应过程

（2）铅酸蓄电池的参数

① 开路电压与工作电压　电池在开路状态下的端电压称为开路电压。电池的开路电压等于电池正极电极电势与负极电极电势之差。工作电压指电池接通负载后在放电过程中显示的电压，又称放电电压。

说明： 在电池放电初始的工作电压称为初始电压。电池在接通负载后，由于欧姆电阻和极化过电位的存在，电池的工作电压低于开路电压。

② 容量　电池在一定放电条件下所能给出的电量称为电池的容量，以符号 C 表示。常用的单位为 $A \cdot h$ 或 $mA \cdot h$。

说明： 电池的容量可以分为理论容量、额定容量、实际容量。额定容量也叫保证容量，是按国家或有关部门颁布的标准，保证电池在一定的放电条件下应该放出的最低限度的容量。

③ 内阻　电池内阻包括欧姆内阻和极化内阻，极化内阻又

包括电化学极化与浓差极化。内阻的存在，使电池放电时的端电压低于电池电动势和开路电压，充电时端电压高于电动势和开路电压。电池的内阻不是常数，在充放电过程中随时间不断变化。

④ 能量与比能量　电池的能量是指在一定放电制度下蓄电池所能给出的电能，通常用 W·h 表示。

说明：电池的能量分为理论能量和实际能量。理论能量可用理论容量和电动势的乘积表示。电池的比能量是指参与电极反应的单位质量的电极材料放出电能的大小。

⑤ 功率与比功率　电池的功率是指电池在一定放电制度下，于单位时间内所给出能量的大小，单位为 W 或 kW。单位质量电池所能给出的功率称为比功率，单位为 W/kg 或 kW/kg。

说明：蓄电池的比能量和比功率性能是电池选型时的重要参数。

⑥ 寿命　在规定条件下，某电池的有效寿命期限称为该电池的使用寿命。

4.3　铅酸蓄电池

(1) 铅酸蓄电池生产工艺流程

铅酸蓄电池生产工艺流程如图 4-4 所示。

(2) 蓄电池特性曲线

① 放电曲线　10 小时率（0.1CA）、5 小时率（0.17CA）、3 小时率（0.25CA）放电终止电压为：1.8V/单格；1 小时率（0.55CA）放电终止电压为：1.75V/单格。电池使用时放电终止电压最好不要低于 1.0V/单格，以保证电池不会过放电。蓄电池放电曲线如图 4-5 所示。

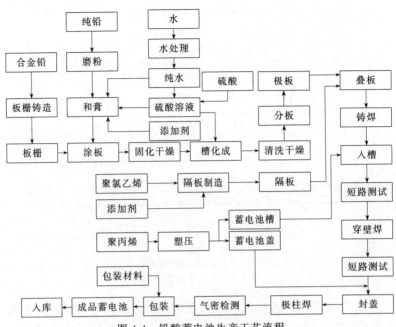

图 4-4　铅酸蓄电池生产工艺流程

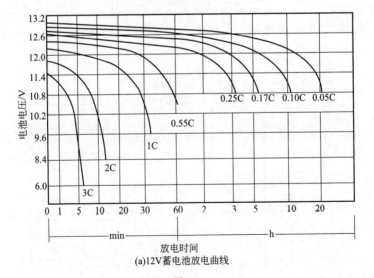

(a)12V蓄电池放电曲线

图 4-5

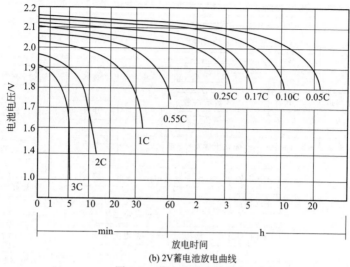

(b) 2V蓄电池放电曲线

图 4-5　蓄电池放电曲线

② 充电曲线　蓄电池要求采用恒压限流的充电方式，充电电压在(13.65 ± 0.02)V/台范围内，充电设备必须保持恒定功能且稳压精度小于1%，充电瞬间的最大电流不超过0.25C10A。蓄电池充电曲线如图 4-6 所示。

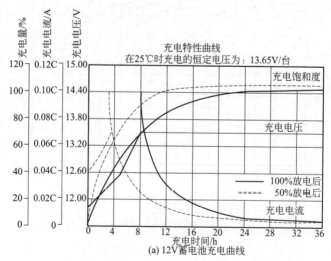

(a) 12V蓄电池充电曲线

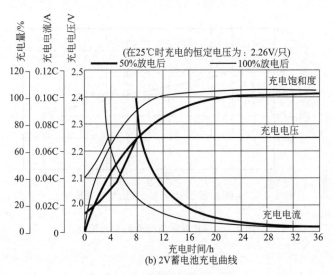

(b) 2V蓄电池充电曲线

图4-6 蓄电池充电曲线

③ 浮充电压与温度的关系曲线 电池的浮充电压值应随着环境温度的降低而适量增加，随着环境温度的升高而适量减小，其关系曲线如图4-7所示。

④ 容量与温度的关系曲线 蓄电池不同放电率的放电容量值都会随着环境温度的升高而缓慢增加，其关系曲线如图4-8所示。

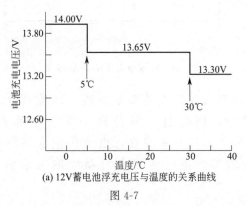

(a) 12V蓄电池浮充电压与温度的关系曲线

图4-7

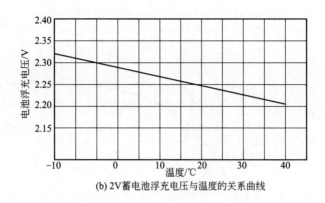

(b) 2V蓄电池浮充电压与温度的关系曲线

图 4-7 浮充电压与温度的关系曲线

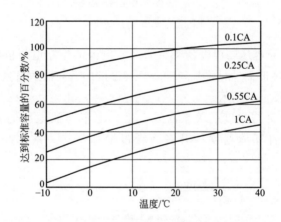

图 4-8 容量与温度的关系曲线

⑤ 蓄电池寿命与温度的关系曲线 环境温度对电池寿命有很大的影响，环境温度每升高 10℃，电池寿命约减少 50％。因此为了延长电池寿命，电池房应安装空调，使室温保持在 15～25℃。蓄电池寿命与温度的关系曲线如图 4-9所示。

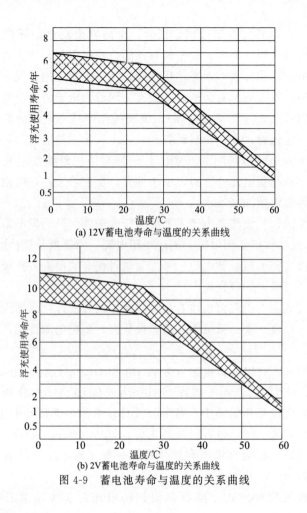

(a) 12V蓄电池寿命与温度的关系曲线

(b) 2V蓄电池寿命与温度的关系曲线

图4-9 蓄电池寿命与温度的关系曲线

4.4 VRLA 电池

阀控式密封铅酸蓄电池的英文名称为"Valve Regulated Lead Acid Battery",简称"VRLA"。蓄电池正常使用时保持气密和液密状态。当内部气压超过预定值时，单向安全阀自动开启释放气体。当内部气压降低后，安全阀自动闭合使其密封，防止外部空气进入蓄电池内部。蓄电池在使用寿命期间，正常使用情况下无须补加电解液。蓄电池具有防爆、防酸雾、耐过充电能力。电池盖子上设有单向排气阀（又叫安全阀），该阀的作用是当电池内部气体压力超过一定值时，安全阀自动打开，排出气体，然后自动关闭，常规状态下安全阀是密闭的。VRLA 电池与传统铅酸蓄电池的最大区别是，传统蓄电池非密封，由于挥发、反应等过程，电池会失酸失水，需要定期加酸加水。

阀控式密封铅酸蓄电池主要应用于太阳能、风能发电系统，大型 UPS 及计算机备用电源，消防备用电源，峰值负补偿储能装置。对于阀控式密封铅酸蓄电池，考虑到氧再化合的需要，负极活性物质应设计过量，一般宜为 1:1.0～1:1.2。

阀控式密封铅酸蓄电池有高形和矮形两种设计，高形设计的电池体积（高度）大、重量大、浓差极化大，影响电池性能，最好卧式放置。

阀控式密封铅酸蓄电池分为 AGM 和 GEL（胶体）电池两种，AGM 采用吸附式玻璃纤维棉（Absorbed Glass Mat）作隔膜，电解液吸附在极板和隔膜中，贫电液设计，电池内无流动的电解液，电池可以立放工作，也可以卧放工作；胶体（GEL）以 SiO_2 作凝固剂，电解液吸附在极板和胶体内，一般立放工作。目前 VRLA 电池皆指 AGM 电池。

胶体阀控密封式铅酸蓄电池标称电压为 12V，额定容量为 32A·h 到 200A·h，设计浮充寿命为 10～15 年（25℃）。电解液密度相对较低，自放电更低，在 20℃ 的干爽环境中放置 1 年，无须补电即可投入正常使用。胶体热容较大，散热性能优于贫液式电池，耐 50℃ 温度，无热失控。

说明：

① AGM：一般寿命为 5～12 年，适用温度 -15～40℃，价格适中，大电流放电好，浮充使用好。

② 一般寿命为 8～15 年，适用温度 $-25～60℃$，价格高于 AGM，大电流一般，浮充使用最好。

③ 单节蓄电池的浮充充电电压一般为 2.23V，单节蓄电池的均衡充电电压一般为 2.35V。

④ 一般铅酸蓄电池放电深度取 0.75，碱性镍镉蓄电池放电深度取 0.85。

⑤ 建议均充频率的设置，应为电池全浮充运行 1 年，按规定电压均充一次，时间为 12h 或 24h。

⑥ 电池要远离热源和易产生火花的地方；要避免阳光直射。浮充电流控制在 0.1C10A～0.25C10A。

⑦ 室温 25℃时，GFM 型浮充电压为 2.23V/单体，NP 型浮充电压为 2.3V/单体，不能过高或过低，否则会降低电池容量和使用寿命。

两种阀控式密封铅酸蓄电池的比较如表 4-2 所示。

表 4-2　两种阀控式密封铅酸蓄电池的比较

项目	GEL 胶体电池	AGM 电池
结构、工艺	硅溶胶和硫酸，富液设计，密度为 $1.26～1.28g/cm^3$	超细玻璃纤维隔板，贫液设计，硫酸水溶液，密度为 $1.29～1.31g/cm^3$
放电容量	接近普通铅酸蓄电池	比普通铅酸蓄电池要低 10％左右
内阻及放电能力	内阻比 AGM 大，电流放电能力很好	低内阻特性，大电流放电能力强
热失控	有较大的热容量和散热性，不易发生热失控现象	导热性差，热容量小，易发生热失控现象
寿命	一般较 AGM 寿命长	

说明：热失控是指铅酸蓄电池在充电时，电流和温度均升高且互相促进的现象。

阀控式密封铅酸蓄电池由正极板、负极板、隔板、电解液、电池槽、附件组成。阀控式密封铅酸蓄电池采用高纯度铅钙锡铝合金制造板栅，提高了负极析氢过电位，从而抑制了氢气的析出；采用特制安全阀使电池保持一定的内压；采用 AGM 超细玻璃纤维隔板；利用阴极（负极）吸收技术，即贫液式设计，使电解液固定吸附在隔板中，同时要在隔板之中留有 10％左右的孔率，作为氧气到达负极的通道，充电时正极产生的氧气顺着气体通道传递至负极，在负极析氢前与海绵状铅发生如下反应：

$$O_2 + 2H_2SO_4 + 2Pb \xrightarrow{\hspace{1cm}} 2PbSO_4 + 2H_2O$$

继续充电，硫酸铅又恢复到充电物质状态：

$$2H^+ + PbSO_4 + 2e^- \xrightarrow{\hspace{1cm}} Pb + H_2SO_4$$

氧气复合为水又重新回到系统中，实现电池内部的循环复合，由于负极因生成硫酸铅而使极化电位降低，从而达到负极不析出氢，因此阀控式密封铅酸蓄电池可以实现密封，电池内部几乎没有水的损失，无须补水维护。

胶体阀控式密封铅酸蓄电池在抑制氢气析出方面所采取的措施与 AGM 阀控式密封铅酸蓄电池氧循环机理完全相同，不同的是胶体电池氧气到达负极的通道方式不同，胶体电池内凝胶电解质是三维多孔网状结构，溶胶在凝固后会形成微小裂缝，正是这些微小的裂纹为氧的循环建立了通道。

说明： 阀控式密封铅酸蓄电池的生产商有理士、骆驼、天能、风帆等，使用期间不用加酸加水维护，电池为密封结构，不会漏酸，也不会排酸雾，电池盖子上设有单向排气阀。

（1）免维护蓄电池标准

GB/T 22473—2008《储能用铅酸蓄电池》。

GB/T 19638.1—2014《固定型阀控式铅酸蓄电池 第 1 部分：技术条件》。

GB/T 19638.2—2014《固定型阀控式铅酸蓄电池 第 2 部分：产品品种和规格》。

GB/T 19639.1—2014《通用阀控式铅酸蓄电池 第 1 部分：技术条件》

GB/T 19639.2—2014《通用阀控式铅酸蓄电池 第 2 部分：规格型号》。

YD/T 1360—2005《通信用阀控式密封胶体蓄电池》。

GB/T 32504—2016《民用铅酸蓄电池安全技术规范》。

GB/T 13337.1—2011《固定型排气式铅酸蓄电池 第 1 部分：技术条件》。

GB/T 13337.2—2011《固定型排气式铅酸蓄电池 第 2 部分：规格及尺寸》。

(2) 磷酸铁锂电池

锂离子电池的正极材料有很多种，主要有钴酸锂、锰酸锂、镍酸锂、三元材料、磷酸铁锂等。磷酸铁锂电池是指用磷酸铁锂作为正极材料的锂离子电池，目前绝大多数锂离子电池使用的正极材料是钴酸锂。磷酸铁锂电池的标称电压只有 3.2～3.3V，能量密度远低于钴酸锂和三元材料。磷酸铁锂电池应用领域有大型电动车辆、公交车、电动汽车、景点游览船、太阳能及风力发电的储能设备等。

磷酸铁锂电池特点如下：

① 安全性能高。在不同条件下，即使电池内部或外部受到伤害，电池也不燃烧、不爆炸，安全性最好。

② 环保无污染。由于磷酸铁锂电池的生产原料磷酸、铁、锂都很丰富，材料易得，其制造工艺等技术成熟后，其价格会大幅下降。磷酸铁锂电池的所有原料都无毒，使得整个生产过程清洁无毒，生产与使用对环境均无污染。

③ 循环寿命高。经过 500 次循环，其放电容量仍然大于 95%，最高循环寿命可达 2000 次。

④ 充放电性能好。标准放电为 1～5C，连续高电流放电可达 10C，瞬间放电可达 20C。

⑤ 温度特性好。可以在常温下使用，耐高温，即使温度升至 160℃，电池的结构仍完好。

磷酸铁锂电池的外形如图 4-10 所示。

磷酸铁锂电池的标准如下。

YD/T 2344.1—2011《通信用磷酸铁锂电池组 第 1 部分：集

图 4-10　磷酸铁锂电池外形

成式电池组》。

YD/T 2344.2—2015《通信用磷酸铁锂电池组 第 2 部分：分立式电池组》。

DB37/T 1940—2011《电动车用磷酸铁锂锂电池模块通用技术条件》。

DB37/T 1944—2011《磷酸铁锂正极材料（锂离子电池用）通用技术条件》。

DB37/T 2752—2016《通讯基站及储能用磷酸铁锂电池组 通用技术条件》。

GB/T 30835—2014《锂离子电池用炭复合磷酸铁锂正极材料》。

说明：

① 太阳能光伏系统及磷酸铁锂电池系统检验可以参照中国船级社指导性文件 GD10—2014《太阳能光伏系统及磷酸铁锂电池系统检验指南》。

② 磷酸铁锂电池放电能力受低温影响较大，不能用常见的铅酸电池充电器为磷酸铁锂电池充电。

③ 测量电池的内阻需用专用内阻仪测量，而不能用万用表欧姆挡测量。

磷酸铁锂电池检验标准如表 4-3 所示。

表 4-3 磷酸铁锂电池检验标准

序号	项目	检验方法	检验标准
1	过充性能	①电池标准充电后,测量电池的初始状态 ②电池状态正常时,以 3C 电流充电至 10.0V,然后转恒压充电至截止电流 0.01C 时终止 ③观察电池的外观变化	不起火、不爆炸
2	过放性能	①电池标准充电后,测量电池初始状态 ②电池状态正常时,以 0.5C 进行放电至 0V ③观察电池的外观变化	不起火、不爆炸
3	外部短路	①电池标准充电后,测量电池的初始状态,置于防爆罩中直接短路其正负极(线路总电阻不大于 50mΩ) ②当电池温度下降到比峰值温度低约 10℃ 时试验结束 ③观察电池的温度及外观变化	不起火、不爆炸
4	热滥用	①测量电池的初始状态 ②电池标准充电后,放置于烘箱中,温度以 (5±2)℃/min 的速率升至 (130±2)℃ 并保温 30min ③观察电池的外观变化	不起火、不爆炸
5	跌落	①测试电池的初始容量,标准充电后,测量电池的初始状态 ②将试验电池由高度(最低点高度)为 1m 的位置垂直、水平方向自由跌落到水泥地面上,要求跌落 2 次	不起火、不爆炸
6	重物冲击	①将一直径为 15.8mm 的钢棒放置于满电的电池中部 ②将质量为 10kg 的铁锤从 1.0m 高处自由落体到电池上部	不起火、不爆炸
7	挤压测试	①电芯放在挤压设备的两个挤压表面之间,圆柱电芯轴平行于挤压面 ②逐渐增加压力至 13kN,保持压力 1min	不起火、不爆炸
8	热循环	①电池标准充电后,在环境温度为 (75±2)℃ 的条件下开路放置 48h ②48h 后在 −20℃ 条件下开路放置 6h,6h 后在室温条件下开路放置 24h。观察电池的外观变化	①不漏液、不冒烟 ②不起火、不爆炸
9	恒定湿热	①电池标准充电后,置于温度为 (40±5)℃,相对湿度为 95% 的恒温恒湿箱中,搁置 48h 后,取出电池搁置 2h ②观察电池的外观变化 ③以 0.5C 放电至 2.5V,测量电池最终容量	搁置后容量大于 90% 标称容量,电池外观无明显变形,无腐蚀、不冒烟、不爆炸

第 4 章 蓄电池 97

序号	项目	检验方法	检验标准
10	振动环境	①电池标准充电后,测量电池初始状态,安装在振动台面上 ②按下面的振动频率和对应的振幅调整好试验设备,X、Y、Z 三个方向每个方向上从 10～55Hz 循环扫频振动 30min,扫频速率为 1oct/min 　a. 振动频率:10～30Hz 位移幅值（单振幅）为 0.38mm 　b. 振动频率:30～55Hz 位移幅值（单振幅）为 0.19mm ③扫频结束后测电池最终状态,观察电池的外观变化	①剩余容量≥90%标称容量 ②电压衰减≤0.5% ③电池内阻增大率≤20% ④电池外观无明显损伤、不漏液、不冒烟、不爆炸
11	常温荷电保持能力	①测量电池的初始状态和初始容量 ②电池标准充电后,开路放置 30 天,测量电池最终状态 ③以 0.5C 放电至 2.5V,测量电池的剩余容量 ④电池再经标准充电后,以 0.5C 放电至 2.5V,测量电池的恢复容量 ⑤可循环三次,若有一次达到标准,即达到标准要求	①剩余容量≥90%初始容量 ②恢复容量≥95%初始容量 ③内阻增加率≤30%

(3) 三元材料锂电池

国内一体化太阳能 LED 路灯应用比较多的是三元锂电池、磷酸铁锂电池。三元锂电池在全球范围内占主导地位,如常用的 18650 电池就属于三元锂电池。

(4) VRLA 电池基本参数

VRLA 电池参数有电池电动势、开路电压、终止电压、工作电压、放电电流、容量、电池内阻、储存性能、使用寿命等。VRLA 分大型、中性、小型三种,单体在 200A·h 及以上为大型,20～200A·h 为中型,20A·h 以下为小型。

① 额定电压　额定电压指电池正负极材料因化学反应而造成电位差,由此产生的电压值。不同的电池由于正负极材料不同,产生的电压也不一样。

说明：铅酸电池单格额定电压 2V，即电池额定电压为 $2n$（n 为单格数）。目前最常见的单个电池电压有 2V、4V、6V、12V、24V。电池的容量单位是 A·h。

② 额定容量　即完全充电的电池单体或由电池单体组成的电池组，根据某一电池标准在特定条件下可以释放的电量。

蓄电池容量 $C = $[（负载电流＋备用负载电流）×10]

÷蓄电池效率×[所需放电时间（小时）÷10]

当电解液温度在 10～40℃ 内，但温度不在 25℃ 时，电池放电容量应按下式换算：

$$C_{25} = \frac{C_t}{1 + k(t - 25)}$$

式中　C_{25}——换算为 25℃ 时的容量，A·h；

C_t——电解液平均温度为 t（℃）时的容量，A·h；

t——电解液平均温度，℃；

k——温度系数，10h 率容量试验时，$k = 0.006℃^{-1}$；3h 率容量试验时，$k = 0.008℃^{-1}$；1h 率容量试验时，$k = 0.01℃^{-1}$。

说明：

① 电池输出连线一般都选用多股铜芯软线缆，为双层护套电缆。通过电缆电流在 1～41A 时，电缆的载流量为 $4A/mm^2$；通过电缆电流在 41～100A 时，电缆的载流量为 $2A/mm^2$；通过电缆电流在 100～200A 时，电缆的载流量为 $1.6A/mm^2$；通过电缆电流在 200A 以上时，电缆的载流量为 $1.2A/mm^2$。

② 额定容量是指在 25℃ 环境下，以 10 小时率电流放电至终了电压所能达到的额定容量，用 C10 表示。

③ 根据 IEC 标准，放电时间率有 20、10、5、3、1、0.5 小时率及分钟率，分别表示为 20Hr、10Hr、5Hr、3Hr、2Hr、1Hr、0.5Hr 等。

③ 开路电压　开路电压是指电池在无负载的情况下，电池正负极之间的电压。

④ 放电深度　放电深度是指电池在使用过程中，电池放出的

容量占其额定容量的百分比，一般用百分数表示。

说明：放电深度的高低和电池的充电寿命有很大关系，电池的放电深度越深，其充电寿命就越短，导致电池的使用寿命变短。电池放电倍率越高，放电电流越大，放电时间就越短，放出的相应容量越少。

(5) 蓄电池的检验和测试要求

① 外观：正负极，商标，型号，规格，制造厂名，编号，出厂日期。

② 表面：无变形、漏液、裂纹、污迹。

③ 型号：电压，容量，放电时间。

④ 外形尺寸、质量。

⑤ 使用环境温度：GEL（$-20\sim50℃$）；AGM（$-10\sim50℃$）。

⑥ 安全性能：连续充电 5h，外观应无漏液及其他异常。

⑦ 耐振性能：满充，振幅 2，频率 16.7Hz，垂直振动，1h 后无漏液，端电压正常。

(6) 铭牌标志

铭牌必须永久性地附在每件设备的装配件上，并位于易看见的位置，铭牌上应标必需的设备信息，至少必须包括下述信息：设备名称，型号；技术参数；蓄电池额定容量（A·h）、额定输入电压（V）、直流额定电流（A）、直流标称电压（V）；质量（kg）；出厂编号；制造年月；制造厂名；任何特殊维护说明。

(7) 电池常见故障和处理方法

电池常见故障和处理方法如表 4-4 所示。

表 4-4　电池常见故障和处理方法

序号	故障	原因	处理方法
1	漏液	电池外壳变形,温度过高,浮充电压过高,电池极柱密封不严	与供应商联系更换处理

序号	故障	原因	处理方法
2	浮充电压不均匀	电池内阻不均匀	均衡充电 12~24h,均充电压参照供应商提供的说明书
3	槽盖破损	电槽破损、电槽成形不良、安装不当	与供应商联系更换处理
4	槽盖接合处漏液	受外力碰击、热黏合不良	与供应商联系更换处理
5	端子熔损	外部短路、接触不良、焊接不良	与供应商联系维修或更换
6	单体浮充电压偏低	电池内部微短路等	均衡充电 12~24h,参照均充电压充电说明,仍不能排除故障时请更换电池
7	容量不足（过放电）	电池欠充。失水严重,内部干涸。充电系统或其他电器件故障	均衡充电 12~24h,均充后仍不能排除故障时请更换电池。补加活化液
8	电池极柱或外壳温度过高	螺钉松动,浮充电压过高等	检查螺钉、充电机和充电方法
9	电池浮充电压忽高忽低	螺钉松动	拧紧螺钉
10	电池组接地	电池盖上的灰尘或电池漏液残留物导电	清洁电池,电池组地面加绝缘胶垫
11	电池爆裂	端子腐蚀或接触不良。外部端子短路。线路不良故障	电池整修或电池需更换
12	充电不足	电压设定值低。负荷量大于充电量。夜间放电时间过长。电池端子腐蚀或接线接触不良	调整或更换电器件。电池补充电
13	电池壳鼓胀	气体过剩并且无法释放。安全阀堵塞不开启,极板变形	电池整修或电池需更换

说明：随着温度的上升，更换期应缩短。电池性能下降的程度取决于浮充年限和温度的上升，尤其当环境温度高于 40℃ 时，电池寿命将会比常温预期寿命短得多。

(8) 胶体蓄电池系列规格表

NPP 胶体蓄电池系列规格表如表 4-5 所示。

表 4-5　NPP 胶体蓄电池系列规格表

序号	型号	电压/V	容量/A·h	内阻/mΩ	外形尺寸/mm				端子类型	端子位置	平均质量/kg
					长	宽	高	总高			
1	NPG12-33AH	12	33	9.5	195	130	150	167/180	T14/T6	C	11
2	NPG12-40AH	12	40	8.5	197	165	170	170	T14	D	13.5
3	NPG12-50AH	12	50	7	230	138	211	215	T15	D	17.3
4	NPG12-65AH	12	65	7	350	166	179	179	T14	C	21
5	NPG12-70AH	12	70	6	260	169	211	215	T14	C	23.2
6	NPG12-75AH	12	75	6	260	169	211	215	T14	C	24.2
7	NPG12-80AH	12	80	5.5	260	169	211	215	T14	C	25.3
8	NPG12-90AH	12	90	5.5	306	169	211	215	T14	C	28.5
9	NPG12-100AH	12	100	5	330	171	214	220	T16	C	30.5
10	NPG12-120AH	12	120	4.5	409	176	225	225	T16	C	36
11	NPG12-150AH	12	150	3.8	485	172	240	240	T16	C	44.5
12	NPG12-200AH	12	200	3.3	522	238	218	222	T16	E	62.5
13	NPG12-250AH	12	250	2.8	521	269	220	224	T16	E	74.5

端子类型及示意图如图 4-11 所示。

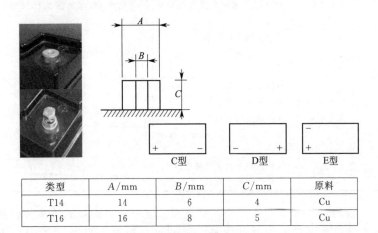

类型	A/mm	B/mm	C/mm	原料
T14	14	6	4	Cu
T16	16	8	5	Cu

图 4-11　端子类型及示意图

12V、150A·h阀控式密封铅酸蓄电池规格及参数如图 4-12 所示。

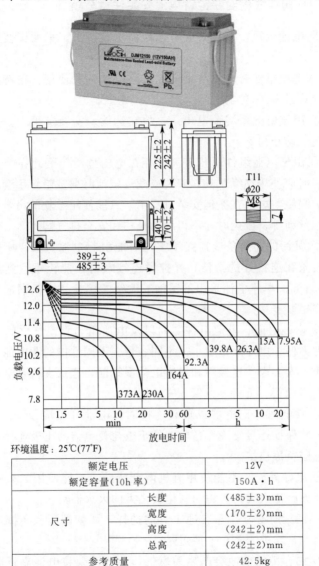

环境温度：25℃(77°F)

额定电压		12V
额定容量（10h率）		150A·h
尺寸	长度	(485±3)mm
	宽度	(170±2)mm
	高度	(242±2)mm
	总高	(242±2)mm
参考质量		42.5kg
标准端子		T11

图 4-12　12V、150A·h阀控式铅酸蓄电池规格及参数

（9）阀控式密封铅酸蓄电池安装注意事项

① 电池较重，安装时应考虑地面承重，决定平面安装或架式安装。

② 选型电池时，应尽量避免多路电池并联使用，在特殊的情况下允许最多并联两路。

③ 因该电池系湿荷电出厂，故在运输、安装过程中，必须小心搬运，防止短路。

④ 由于电池组件电压较高，存在电击危险，因此在装卸导电连接片时应使用绝缘工具，安装或搬运电池时要戴绝缘手套、围裙和防护眼镜，电池在搬运安装过程中，只能使用柔软的吊带，不能使用钢丝绳等，搬运时，不得触动极柱和安全排气阀。

⑤ 脏污的连接条或连接不牢均可能引起电池打火，所以要保持连接条在连接处的清洁，并拧紧连接螺钉，使转矩达到规定值 11.3N·m。单体电池采用不锈钢或镀铅的螺栓、镀铅铜连接条和平垫圈串联连接。

⑥ 电池之间、电池组件之间以及电池组与直流屏之间的连接应合理方便，电压降尽量小，不同容量、不同性能的蓄电池不能混合使用。安装末端连接件和导通电池系统前，应认真检查电池系统的总电压和正、负极，以保证安装正确。

⑦ 蓄电池与充电器或负载连接时，电池开关应位于"断开"位置，并保证连接正确：蓄电池的正极与充电器的正极连接；负极与充电器负极连接。

⑧ 电池外壳，不能使用有机溶剂清洗，不能使用二氧化碳灭火器扑灭电池火灾，可用四氯化碳之类的灭火器具。

⑨ 搬运时必须注意交通工具的选择，严禁翻滚和摔掷电池的包装箱。运输中应防止电池短路。

⑩ 储存中的电池会产生易燃气体，请不要将电池靠近明火或短路电池。

⑪ 由于某种原因而引起电池发生起火、爆炸时，必须使用干

粉灭火器（ABC干粉）。

⑫ 电池安装两年后，每年进行一次额定容量测试，确保电池剩余容量。

⑬ 检查电池没有任何不正常现象，如果发现有损坏（裂纹、变形、电解液渗漏等），应立即更换新电池。

（10）蓄电池质量检测方法

① 外观检测　外观检测主要检查产品的标志和标识，其内容包括生产厂家、规格型号、商标、正负极、尺寸、质量。外观检查还应包括蓄电池外壳质量。

说明：将待检测蓄电池长、宽、高与标准规格尺寸对照，判断蓄电池容量等级。一般来讲，电池容量与蓄电池所装片数有关，片数越多，容量越大。而所装片数与蓄电池当量容积有关。有些非法厂家使用较大的蓄电池外壳，但是装入了较少的片数以蒙蔽用户，可以通过质量进行检测。

② 储备容量检测法　当蓄电池容量小于120A·h时，应当优先选用储备容量检测法。在检测过程中，这种方法放电电流大、时间短、电化学极化快且储备容量值明确。一般情况需要进行三次放电试验才能确定是否合格。

③ 内阻或电导检测法　电池容量与电池内阻或电导存在对应关系，通过测量电池的内阻或电导，可以判断电池容量状况，达到电池容量检测的目的。将便携式内阻或电导测量仪的正负极接到电池单体正负极，仪器将显示测试值，将该电导值与标准数据比较，可判断电池容量状况。

说明：同一容量电池，不同厂家生产，其电导值标准不一样，没有通用性。

CHAPTER 5

第5章 >>>

风光互补 LED 照明系统的设计

20 世纪 90 年代，世界风光发电总功率不到 $10^6\,kW$。现在已超过 $10^7\,kW$。据相关机构的预测估计，20 年内风光发电将可满足世界各国电力需求的 10%，成为 21 世纪主要的能源之一。世界各国都对新型能源进行了深入的研究和开发，在风力发电和太阳能发电技术方面取得了大量成果。

>5.1 风光互补 LED 照明技术及灯具结构

风光互补发电系统就是指将太阳能和风能二者联合起来，进行互补的发电系统。太阳能与风能具有很强的互补性，具体体现在时间上和地域上。风力发电和太阳能发电系统中，因无风和阴雨天等气候条件下无法保证电能的连续供应。采用风光互补技术后，可以有效解决单一发电不连续的问题，保证基本稳定的供电。

(1) 风光互补 LED 照明灯具灯杆要求

① 采用 Q235 或性能类似材料，其厚度应≥3mm，其材质应符合 GB/T 700 的规定。

② 独立型杆体，锥度 11；保证锥度误差不大于 1/1000，总长度误差不大于 5mm，圆度误差不大于 1mm。

③ 上口径 140mm、下口径 380mm，双挑臂（1.8±0.3）m，灯离地面高度 6m。

④ 抗风力：60m/s。

⑤ 灯杆由优质低碳热轧钢板等离子切割、折弯、自动焊接成形，焊缝符合标准 GB/T 3323—2005《金属熔化焊焊接接头射线照相》三级标准，熔深达 85％以上，本案采用宝钢 Q235 钢板，臂厚 5mm。

⑥ 灯杆采用内外热浸镀锌防腐处理，金属件壁厚小于 5mm时，不应低于 $65\mu m$，等于或大于 5mm 以上时，不应低于 $86\mu m$。符合标准 GB/T 13912—2002《金属覆盖层 钢铁制件热浸镀锌层 技术要求及试验方法》，防腐寿命达 30 年以上，20年不生锈。

⑦ 灯杆表面喷塑处理，采用长度达 60m 的一次性喷塑生产线，颜色由客户指定，采用室外用聚酯塑粉，塑层厚度大于 $85\mu m$，保证固化时间，塑层均匀，附着力高，防紫外线照射。

⑧ 灯杆焊接方式为自动亚弧焊接，着色探伤检验达到焊接标准 GB/T 3323—2005《金属熔化焊焊接接头射线照相》的要求。灯杆套接方式采用螺钉固定。

⑨ 灯杆的抗风能力按 36.9m/s 设计。

⑩ 镀锌层厚度均匀性测试，硫酸铜浸渍法测试 6 次无挂铜现象。

⑪ 焊缝不得有影响强度的裂纹、夹渣、焊瘤、烧穿、弧坑和针孔状气孔，并且无褶皱和中断等缺陷。焊缝探伤要求应符合GB/T 11345 的评定标准。

⑫ 油漆层应均匀光洁，色质基本一致，无明显色差、露底、气泡、皱皮及流挂现象。

⑬ 涂覆层应在渗铝钢表面覆盖完好和连续，不出现假渗、漏渗、扩散现象，不出现裂纹和剥落等缺陷。

说明：

① QB/T 5093.1—2017《灯杆 第 1 部分：一般要求》，规定了灯杆的要求和试验方法。适用于高度不超过 20m，垂直于安装面安装的顶式安装灯杆和悬臂安装灯杆。

② QB/T 5093.2—2017《灯杆第 2 部分：钢质灯杆》，规定了钢质灯杆的要求和试验方法、检验规则、标志和使用说明书、包装、运输和储存。适用于高度不超过 20m，垂直于安装面安装的顶式安装灯杆和悬臂安装灯杆。

③ 我国住房和城乡建设部 2018 年 12 月发布了 CJ/T 527—2018《道路照明灯杆技术条件》，规定了道路照明灯杆的产品分类和型号、要求、试验方法、检验规则、标志、包装、运输及储存。本标准适用于高度不大于 20m、设置在道路和公路两旁、安装照明灯具、提供局部照明的灯杆，但不包括异型或组合装饰型灯杆。

④ 四川省质量技术监督局发布的 DB51/T 1460—2012《户外照明用碳素结构钢制灯杆通用规范》标准。

风光互补 LED 照明灯具灯杆图如图 5-1 所示。

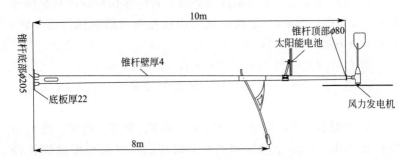

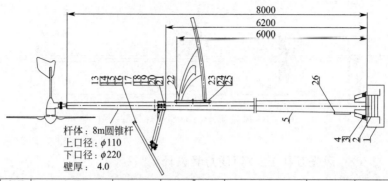

杆体：8m圆锥杆
上口径：$\phi 110$
下口径：$\phi 220$
壁厚： 4.0

序号	名称	规格/mm	数量	序号	名称	规格/mm	数量
1	混凝土基础		1	14	太阳能板扣		12
2	地脚笼		1	15	内六角锥头螺钉	M8×25	12
3	螺母	M24	8	16	螺母	M8	12
4	方形平垫	平垫$\phi 26$	4	17	螺栓	M12×75	6
5	焊接杆体		1	18	螺母	M12	6
6	防水出线套		6	19	平垫圈	平垫 12	6
7	悬臂组件		1	20	弹垫	弹垫 12	6
8	太阳能板抱箍		4	21	抱箍		1
9	螺栓	M10×60	8	22	灯臂组件		1
10	螺母	M10	8	23	螺栓	M12×55	3
11	平垫圈	平垫 10	16	24	弹簧垫	弹垫 12	3
12	弹垫	弹垫 10	8	25	平垫圈	平垫 12	3
13	太阳能支架		2	26	内六角沉头螺钉	M8×40	2

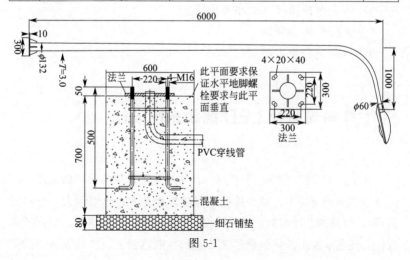

图 5-1

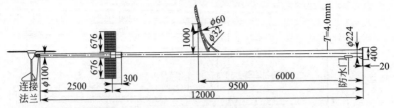

图 5-1　风光互补 LED 照明灯具灯杆图

（2）风光互补 LED 照明灯具设计

风光互补 LED 照明灯具是根据道路照明的具体要求来设计的，即根据道路宽度、周围环境、车辆通过流量等设计灯杆、组件、安装支架、灯挑臂、整体造型。

① 确定灯高、照度、灯距，确定灯源、灯罩或透镜。

② 确定风力发电机组及太阳能电池组件的总功率。

③ 选择风力发电机组及太阳能电池组件的型号，确定及优化系统的结构。

④ 确定系统内其他部件（蓄电池、控制器、控制/逆变器、辅助后备电源等）。

⑤ 确定电控箱尺寸大小及位置。

⑥ 工程整体布局等。

⑦ 确定是否预留市电。

5.2 风光互补 LED 照明系统设计

风光互补 LED 照明灯具壳体采用高导热国标铝整体压铸而成，在保证散热面积前提下，减少接触面（接触面越多，热阻越大，导热越困难），灯具的芯片与散热片之间仅一个接触面，降低热阻，增强导热性能，使芯片发出的热量能迅速传递到各散热面上。灯具表面能承受机械压力和盐雾、腐蚀性气体及清洗剂的腐蚀，灯具的后部配有安装支架，安装时可根据需要调整角度。风光互补 LED 路灯外形如图 5-2 所示。

图 5-2　风光互补 LED 路灯外形

　　风光互补 LED 照明灯具与目前市面上的 LED 路灯的外壳是一样的，其区别在于供电方式，市面上的 LED 路灯采用的是交流电，而风光互补 LED 照明灯具采用的是直流电。下面以深圳市超频三科技有限公司三模组路灯为例，来介绍风光互补 LED 路灯组装、检验的流程。

　　72W 三模组风光互补 LED 路灯外形如图 5-3 所示。

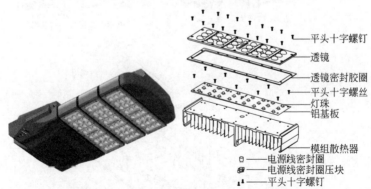

平头十字螺钉
透镜
透镜密封胶圈
平头十字螺丝
灯珠
铝基板
模组散热器
电源线密封圈
电源线密封圈压块
平头十字螺钉

图 5-3　72W 三模组风光互补 LED 路灯外形

　　72W 三模组风光互补 LED 路灯爆炸图（超频三）如图 5-4 所示。

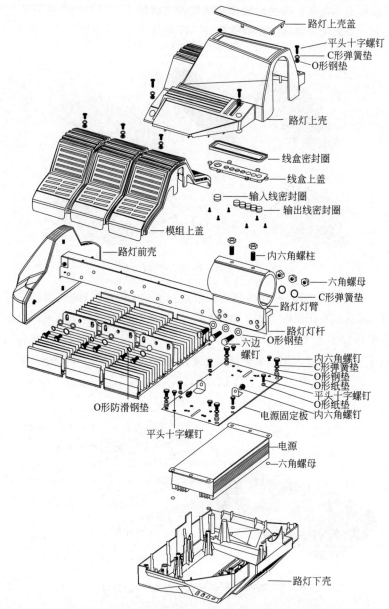

路灯上壳盖
平头十字螺钉
C形弹簧垫
O形钢垫

路灯上壳

线盒密封圈
线盒上盖
输入线密封圈
输出线密封圈

模组上盖

路灯前壳

内六角螺柱

六角螺母
C形弹簧垫
路灯灯臂

路灯灯杆
O形钢垫
六边
螺钉
内六角螺钉
C形弹簧垫
O形钢垫
O形纸垫
平头十字螺钉
O形纸垫

O形防滑钢垫

电源固定板
内六角螺钉

平头十字螺钉

电源

六角螺母

路灯下壳

图 5-4　72W 三模组风光互补 LED 路灯爆炸图（超频三）

72W 三模组风光互补 LED 路灯的组装流程图如图 5-5 所示。

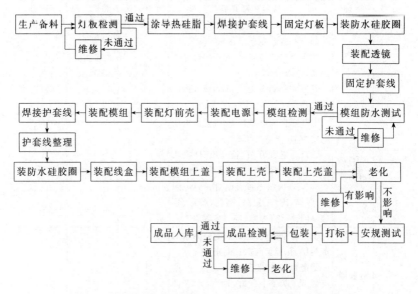

图 5-5　72W 三模组风光互补 LED 路灯的组装流程图

72W 三模组风光互补 LED 路灯质量控制流程图如表 5-1 所示。

表 5-1　72W 三模组风光互补 LED 路灯质量控制流程图

序号	名称	质量控制要求	控制方法	检测工具	备注
1	印刷导热硅脂	导热硅脂刷得是否均匀,是否适量,刷得是否满边,是否混有杂物	目视		以 SOP 为标准
2	安装LED灯板	①灯板清洁干净,无虚焊、假焊、少锡、反向、拖尾等不良现象 ②无开路、短路;亮度均匀、没有色差	目视	直流稳压电源、防静电刷	参阅 SOP
3	焊接护套线	①烙铁温度 330～370℃,接触电阻小于 5Ω,漏电压小于 3V ②棕色线焊灯板正极"＋",蓝色线焊灯板负极"－"。 ③焊点应光滑光亮,不可有假焊、虚焊、锡尖等不良现象	目视	烙铁	

序号	名称	质量控制要求	控制方法	检测工具	备注
4	固定 LED 灯板	①设备检测（电批）扭力 4.0～6.5kgf·cm(1kgf=9.80665N) ②能否与灯板装配,固定螺钉是否锁紧,是否滑丝 ③固定螺钉先对角,后中间,最后依次锁合	测量	电批扭力测试仪	
5	LED模组测试	①打开直流电源开关,将输出电压设定为 DC 34V±0.5V ②打开电源开关,检查 LED 模块是否有死灯、灯暗、闪烁等不良现象 ③LED 模组不可有暗灯、死灯、闪烁、假焊、虚焊、短路、刮花、露铜、移位、硅胶脱落(掉帽)等不良现象	测量	直流电源	
6	装防水硅胶圈	①装防水硅胶圈,有筋的一面贴向散热器,孔位要与散热器正对 ②密封胶圈必须组装到位,不可有装反、断裂、毛边、油污等不良现象	目视		
7	安装透镜	①散热器不可有变形、裂纹、少孔、孔位堵、漏攻牙、油污等不良现象 ②安装透镜,透镜的箭头与铝基板箭头方向一致 ③能否与散热器装配,固定螺钉是否锁紧,是否滑丝 ④固定透镜螺钉先对角,后中间,最后依次锁合 ⑤设备检测（电批）扭力 5.0～7.5kgf·cm ⑥透镜安装到位,无脏污、断裂等不良现象。透镜不可有缩水、变形、孔位堵、裂纹、定位柱断等不良现象 ⑦模组防水压块,过线孔密封圈不可有缩水、破损等不良现象 ⑧模组防水压块必须装到位,不可有破损、缺损等不良现象	测量	电批扭力测试仪	

序号	名称	质量控制要求	控制方法	检测工具	备注
8	模组检验及浸水测试	①螺钉必须锁到位,不可有滑牙、扫头、锁不到位等不良现象 ②锁紧螺钉后,透镜组件与散热器须紧密配合,不可有缝隙、变形、裂纹等现象 ③透镜须安装到位,内部不可有脏污、手指印等不良现象 ④浸水 10～15cm,半小时后,无进水现象发生,灯体内部无水雾现象 ⑤检查模组内部是否有进水现象,确认模组内部没有进水后,将模组整齐摆放在栈板上		浸水测试箱	
9	恒流电源固定	①恒流电源不可有变形、破损、生锈、电源线长度裁错等不良现象 ②电源线不可有连接错误、松脱等不良现象 ③电源盒盖、防水盖不可有划伤、磨损、变形、裂纹等不良现象			
10	模组固定	模组与主灯杆组装是否到位,扭力 8.0～12.0kgf·cm	测量	电批扭力测试仪	
11	功能测试	①打开直流电源开关,将电源输出电压设定为 DC 36V±0.5V ②无暗灯、死灯、亮度不均、色差大的现象 ③电流、功率符合设计要求	测量	直流稳定电源、变频电源	
12	打标	①灯具电源盒正面朝上,摆放在雕刻机平台上,调节好雕刻距离 ②根据产品订单要求,将设定内容雕刻在电源盒盖中间位置	目视	打标机	
13	老化测试	①产品整齐摆放在老化架上,产品与产品之间须留有一定缝隙 ②将调压电源输出电压设定为 DC 12V,打开老化架电源开关,同时记录老化起止时间和异常情况在相应表单上 ③老化过程中要检查产品是否有死灯、闪烁、暗灯、色差等不良现象 ④铝基电路板温度不能超过 80℃	测量	老化架	

序号	名称	质量控制要求	控制方法	检测工具	备注
14	防水测试	①将产品反面朝上,摆放在喷头中间下面的平台上 ②将喷淋时间设定为30min,打开喷淋系统电源开关,进行喷淋测试 ③喷淋结束,检查电源盒腔和模组内是否进水,确认产品无进水		喷淋装置	LED路灯的外壳防护等级应达到IP65
15	OQC检查	①螺母先拧进内六角无头螺钉约中间位置后,安装在灯臂上 ②螺钉必须锁到位,不可有滑牙、松动等不良现象 ③无暗灯、死灯、亮度不均、色差大的现象,外观性能符合出货要求 ④确认功率、电流、功率因素等参数在标准范围内 ⑤产品表面不可有脏污、破损、裂纹、刮花、掉漆、电源线破皮、锁不紧等不良现象	测量、目视	直流稳定电源、变频电源、高压绝缘测试仪	
16	包装	①PE袋、保利龙不可有脏污、破损,同一批产品PE袋、保利龙组装方式须统一 ②贴合格标签,连接线长符合客户要求,有说明书 ③配置电源正确,标识型号正确 ④外箱不可有变形、受潮、破损等不良现象	目视		

风光互补LED路灯成品检测如表5-2所示。

表5-2 风光互补LED路灯成品检测

序号	检验项目	检验方法/仪器设备	标准描述	判定		
				CR	MA	MI
1	外观检验	目视/手感觉	①螺钉松脱、滑牙、滑丝、斜高,非不锈钢不允许 ②不允许缺字、断画 ③产品铭牌应包括制造厂商、厂址、产品名称、型号、产品编号/生产日期、主要技术参数、产品标准号、相关认证标志 ④透镜带品号的一端没有靠近电源盒腔一端		√	

序号	检验项目	检验方法/仪器设备	标准描述	判定		
				CR	MA	MI
1	外观检验	目视/手感觉	⑤透镜与散热器之间的间隙≥0.05mm ⑥锁透镜螺钉未锁下去,离透镜面的距离与样品明显不一致 ⑦散热器与散热器之间的间隙明显不一致 ⑧散热器与散热器之间有明显台阶(错位) ⑨盒腔盖与电源盒腔之间间隙不均匀或间隙≥0.5mm ⑩表面有轻微的手印、油污、胶水痕 ⑪灯具各配件有明显的碰伤、变形、凹凸痕、麻点 ⑫灯具表面粗糙、色差明显 ⑬灯具各配件表面棱角处有刮手批锋 ⑭表面清洁,无破损、裂纹和变形;表面涂层均匀,无刮花、脱落,无明显色差		√	
2	结构确认	订单/BOM核对	①LED、LED透镜、连接线、压条、呼吸等部件规格需一致 ②少密胶圈,少打胶,少配件 ③螺钉锁不到位,滑牙,漏装螺钉,非不锈钢螺钉要进行相关的测试,看其是否符合产品供应商提供的检验报告 ④导热硅胶片带玻纤布的一面没有贴在散热器表面 ⑤罩与挡板连接处的塑胶柱破裂、有裂痕或螺钉滑牙 ⑥CE/CQC端子处导线松动、脱落(20N拉力测试) ⑦导线出现破损或金属丝外露 ⑧固定支架螺钉固定不可松动		√	
3	功率测试/功能测试	功率测试仪/变频电源	①测试功率符合订单及技术要求 ②LED灯具实际消耗的功率与额定功率之差不能超过10% ③功率因数不应小于0.9 ④功率因数实测值不应低于标称值0.05 ⑤距离1m目视10s可见色差,不允许暗灯、死灯、死组、灯不亮		√	

序号	检验项目	检验方法/仪器设备	标准描述	判定		
				CR	MA	MI
4	光电性能	积分球	①符合生产指令单或工艺技术要求 ②LED 灯具的显色指数 $Ra \geqslant 65$，初始光效≥60lm/W ③LED 灯具 3000h 光通维持率≥90% ④LED 灯具 6000h 光通维持率≥85%		√	
5	耐压测试	耐压测试仪	①带电部件与安装表面之间在 DC500V 时施加60s 不击穿 ②带电部件与灯具的金属部件之间在 DC500V 时连续施加 60s 不击穿	√		
6	绝缘电阻测试	电阻测试仪	①钢杆、风力发电机和光伏电池组件固定装置和防雷接地装置良好连接，接地电阻小于 10Ω ②带电体与灯具金属部件之间的绝缘电阻应大于 2MΩ ③灯具应有良好的防雷接地，接地电阻应小于 30Ω	√		
7	照度分布测试	照度分布测试仪	在暗室中，输入相应额定电压与频率的电源使灯具正常工作，将灯具发出的光投射到距灯具等体平面 2.0m 的墙上，应能明显观察到矩形的照度分布		√	
8	老化测试	老化架	①灯具老化实验 168h 无死灯、暗灯及不稳定现象 ②量产时 48h，通电 30min，断电 1min；灯具闪烁、不亮、光衰明显、烧毁、色差 ③OQC 出货前确认生产老化作业	√		
9	IP防护	IP 防护等级测试系统	①流速 12.5L/min，水压 30N/m²，持续时间 2~3 分钟，冲水距离 2.5～3m，转盘转速150r/min ②功能测试正常，需做防水处理的位置不得有水雾或水进入(IP65)	√		
10	高低温测试	高低温箱	在−20℃＋60℃±2℃正常供电条件下，让灯工作 30min，不得有暗灯、死灯出现，LED 透镜不能有变形翘曲出现	√		
11	振动测试	振动测试仪	加速度 2g，频率 10～55Hz，振幅 0.35mm，次数5 次；不允许有暗灯、死灯出现，不允许螺钉松脱、掉漆、破裂	√		

序号	检验项目	检验方法/仪器设备	标准描述	判定		
				CR	MA	MI
12	光学测试	分布光度计	①LED光通量、色温、显示指数、光效率符合订单及技术参数 ②配光曲线按订单技术要求执行:第一批量产,更换透镜,工艺结构变更或者样板抽样1件送实验室实验测试		√	
13	包装	目视	①装箱单与实物符合(标识,箱内物品的数量,规格,名称,数量) ②产品合格证(加盖合格通过标志及日期) ③产品说明书(订单要求中性包装的用中性说明书)安装要求,接线要求,字体书写,产品规格正确 ④产品附件有无(与订单要求核对) ⑤外箱不允许有破损、变形、潮湿 ⑥箱体脏污,外观以1m可见,即为不合格 ⑦外箱标识清新,书写工整,外箱内容包括但不局限于:规格型号、品名、日期、数量、重量、环保标志、小心轻放、易碎、防水、防压标志		√	
14	跌落测试	跌落测试机	①整箱水平自由跌落顺序为一角三棱六面 ②0≤质量<9.5kg:跌落高度为76.5cm ③9.5≤质量<18.6kg:跌落高度为61cm ④18.6≤质量<27.7kg:跌落高度为45.7cm ⑤27.7≤质量<45.3kg:跌落高度为30.5cm ⑥45.3≤质量<68kg:跌落高度为20.3cm	√		
15	安装后测试		①灯具应用能连续3~5个阴、雨、雪天时提供正常照明 ②灯具周边不应有高大建筑物、树木遮挡太阳能电池板的阳光受照面 ③照度用照度计测量 ④定好时控时间,用计时器计时,观察灯具是否按时控要求发光与关断 ⑤去除电池组件上的遮挡物(或把控制器上电池组件接线连接好),灯具是否能够自动熄灭		√	

注:严重缺点(CR):其结果影响到产品的使用功能或安全性能而不能达到预期目标。主要缺点(MA):其结果会导致产品故障或降低产品的使用性能,以至于不能达成生产功能。次要缺点(MI):指产品未能符合已设定的外观标准,但实际上使用与操作并无太大影响。

说明：

① 风光互补 LED 路灯用的 LED 模块安全及性能要求应符合 GB 24819 和 GB/T 24823 的规定，风光互补 LED 路灯安全及性能要求应符合 GB 7000.1、GB 7000.203 的规定，其分布光度性能要求应符合 GB/T 9468 的规定。

② 控制器具有输入充满断开和恢复连接的功能，12V 密封性铅酸电池，充满断开：14.1～14.5V，恢复：13.2V；24V 密封性铅酸电池，充满断开：28.2～29.0V，恢复：26.4V。

5.3 风光互补 LED 照明系统安全设计

风光互补 LED 照明系统主要由风力发电机组、太阳能电池组件、智能控制器（控制/逆变器）、蓄电池组、LED 灯具、灯杆、电柜箱等组成。

(1) 保护功能

① 采用进口三防漆：防水、防潮、防腐蚀。

② 蓄电池反接保护：蓄电池反接后系统不工作，不会烧坏控制器。

③ LED 负载短路保护：LED 负载短路后，控制器停止输出，不会损坏控制器；等短路解除后，控制器立即恢复输出。

④ LED 开路保护：负载正常工作后，断开 LED 负载，控制器控制最高输出电压，保护控制器不受损坏；等 LED 负载再次接上时，控制器恢复输出。

⑤ 电池板反接保护：电池板反接后不损坏系统。

⑥ 夜间防反充保护：晚上防止蓄电池通过电池板放电。

⑦ TVS 防雷保护。

(2) 风光互补 LED 照明灯杆防风设计

风光互补 LED 照明灯杆高度必须按道路宽度和使用情况选择，壁厚要达到 3.5mm 以上，内外热镀锌，镀锌层厚度为 $35\mu m$ 以上，法兰厚度在 18mm 以上，且法兰与灯杆之间要焊接加强筋，以保证灯杆底部强度。

说明：灯杆壁厚、镀锌厚度和是否加焊加强筋是灯杆合格与否的重要标志。

(3) 风光互补 LED 照明路灯基础

风光互补 LED 照明路灯基础作为 LED 路灯工程的隐蔽工程，对风光互补 LED 照明路灯整体的防风及安全使用十分重要。

要选择 C20 混凝土进行浇筑，地脚螺栓的选择根据灯杆的高度而定。8m 灯杆要选择 $\phi 20mm$ 螺栓，长度为 1100mm，基础深度 1200mm；10m 灯杆要选择 $\phi 22mm$ 螺栓，长度为 1200mm，基础深度 1300mm；12m 灯杆要选择 $\phi 22mm$ 螺栓，长度为 1300mm，基础深度 1400mm。

(4) 电池组件支架的抗风设计

太阳能电池组件可以承受的迎风压强为 2700Pa，若抗风系数选定为 27m/s（相当于十级台风），设计中关键要考虑的是电池组件支架与灯杆的连接，电池组件支架与灯杆的衔接设计运用螺栓杆固定衔接。

CHAPTER **6**

第6章 >>>

风光互补 LED 照明控制系统

风光互补 LED 照明控制系统是由太阳板与风力发电机发电，经蓄电池储能，给负载供电的一种新型电源，主要由风力发电机、太阳能板、风光互补控制器、蓄电池、直流负载（逆变器、交流）等部分组成。

>6.1 太阳能控制系统

控制器是专为太阳能直流供电系统、太阳能直流路灯系统设计，并使用了专用电脑芯片的智能化控制器，具有短路、过载、独特的防反接保护，充满、过放自动关断、恢复等全功能保护措施，详细的充电指示、蓄电池状态、负载及各种故障指示。控制器通过电脑芯片对蓄电池的端电压、放电电流、环境温度等涉及蓄电池容量的参数进行采样，通过专用控制模型计算，实现符合蓄电池特性的放电率、温度补偿修正的高效、高准确率控制，并采用了高效

PWM 蓄电池的充电模式，保证蓄电池工作在最佳状态，大大延长蓄电池的使用寿命。

以某公司生产的控制器为例，操作控制器参照太阳能控制器的说明书。太阳能 LED 路灯及控制器接线示意图如图 6-1 所示。

某公司生产的太阳能控制器，可以配套密封或胶体蓄电池，也可以配套磷酸铁锂、三元锂等锂电池。锂电池感应控制器适用于三元锂、磷酸铁锂、钴酸锂等锂电池。

（1）太阳能恒流控制一体机（密封或胶体蓄电）

① LS-EPLI 系列太阳能恒流控制一体机简介　　LS-EPLI 系列控制器集太阳能充电控制器及恒流控制器于一体，专用于 LED 室、内外照明应用场合，道路照明、景观照明、广告牌灯光等。其特点如下：

a. 红外无线通信设计，可以通过手持设备修改控制器参数和读取系统信息。

b. 密封、胶体、开口式和用户自定义四种类型，蓄电池充电程序可选。

c. 全数字高精度恒流控制，电流控制精度不大于 30mA。

d. 输出效率最大值为 96%。

e. 具有当前功率计算及实时电量统计记录功能，方便用户查

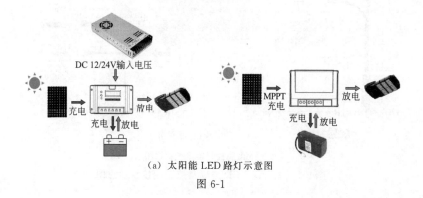

(a) 太阳能 LED 路灯示意图

图 6-1

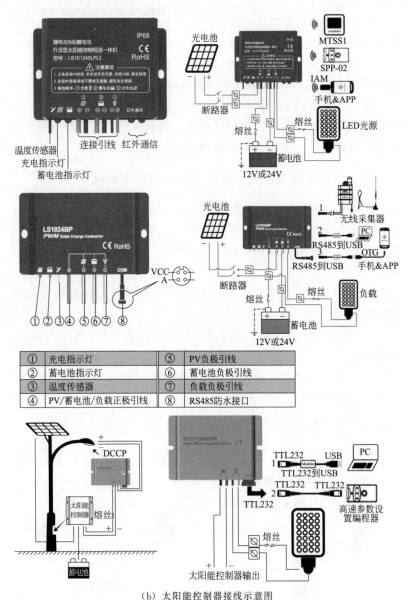

温度传感器
充电指示灯
蓄电池指示灯
连接引线 红外通信

①②③④⑤⑥⑦⑧

VCC
A

①	充电指示灯	⑤	PV负极引线
②	蓄电池指示灯	⑥	蓄电池负极引线
③	温度传感器	⑦	负载负极引线
④	PV/蓄电池/负载正极引线	⑧	RS485防水接口

(b) 太阳能控制器接线示意图

图 6-1 太阳能 LED 路灯及控制器接线示意图

看设备每日、每月、每年以及总计的充电电量与放电电量值。

f. 在额定功率、电流范围内可任意调节额定输出电流。

g. 充电控制参数、负载控制参数、输出电流值均可单独设定控制。

h. 产品本身无按键，可通过红外通信方式修改负载控制方式以及负载的开关状态。

i. 多样的负载控制模式：手动、光控、"光控＋时长"和定时模式。

j. 保护功能：负载短路保护；光电池及蓄电池反接保护；蓄电池超压、欠压、过放和超温保护。

LS-EPLI 系列控制器接线示意图如图 6-2 所示。

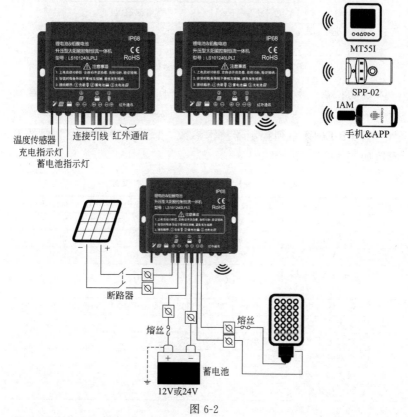

图 6-2

指示灯	颜色	状态	说明
	绿色	常亮	PV 连接正常但电压低无充电
	绿色	熄灭	无阳光或连接有误
	绿色	慢闪(1Hz)	充电过程中
	绿色	快闪(4Hz)	光伏阵列反接
	绿色	常亮	蓄电池正常
	绿色	慢闪(1Hz)	蓄电池充满
	绿色	快闪(4Hz)	蓄电池超压
	橙色	常亮	蓄电池欠压
	红色	常亮	蓄电池过放
	红色	慢闪(1Hz)	蓄电池超温
充电(绿色)、蓄电池(红色)指示灯同时闪烁			系统额定电压错误

图 6-2　LS-EPLI 系列控制器接线示意图

说明：在光控模式和"光控＋时长"模式下，负载开启延时 10min。

②LS-EPLI 系列控制器技术参数　LS-EPLI 系列控制器技术参数如表 6-1 所示。

表 6-1　LS-EPLI 系列控制器技术参数

序号	参数	LS101240EPLI	LS102460EPLI	LS2024100EPLI
1	额定电压	12VDC	12/24VDC 自动识别	
2	系统充电电流	10A	10A	20A
3	最大 PV 开路电压	30V	50V	50V
4	控制器蓄电池端工作电压范围	9～16V	9～32V	9～32V
5	最大输出功率	40W/12V	30W/12V,60W/24V	50W/12V,100W/24V
6	最大输出电流	2.6A	2.0A	3.3A
7	输出电压范围	（蓄电池最大电压＋2V）～60V		
8	负载开路电压	60V		
9	最大输出效率	96%		
10	输出电流控制精度	≤30mA		
11	红外通信有效距离	≤6m		

序号	参数	LS101240EPLI	LS102460EPLI	LS2024100EPLI
12	红外通信有效角度	≤15°		
13	蓄电池类型	密封(默认)/胶体/开口/自定义		
14	均衡电压	密封:14.6V;胶体:无;开口:14.8V;自定义:9～17V		
15	提升电压	密封:14.4V;胶体:14.2V;开口:14.6V;自定义:9～17V		
16	浮充电压	密封/胶体/开口:13.8V;自定义:9～17V		
17	低压断开恢复电压	密封/胶体/开口:12.6V;自定义:9～17V		
18	低压断开电压	密封/胶体/开口:11.1V;自定义:9～17V		
19	静态功耗	≤9.1mA(12V);≤7.0mA(24V)		
20	充电回路压降	≤0.16V		
21	温度补偿系数	$-3mV/(℃ \cdot V)$		
22	工作温度范围	$-35～+55℃$		
23	防护等级	IP68(1.5m,72h)		
24	外形尺寸	107mm×68mm×20mm	108.5mm×88mm×25.6mm	
25	安装孔尺寸	100mm	100.5mm	
26	安装孔大小	ϕ4mm	ϕ5mm	
27	电源引线	PV/BAT:14AWG(2.5mm²) LOAD:18AWG(1.0mm²)	PV/BAT:12AWG(4.0mm²) LOAD:18AWG(1.0mm²)	
28	净重	0.25kg	0.39kg	

注:以上电压参数均为25℃/12V系统参数,24V系统参数时×2。

③ LS-EPLI 系列控制器故障现象及排除方法　LS-EPLI 系列控制器故障现象及排除方法如表 6-2 所示。

表 6-2　LS-EPLI 系列控制器故障现象及排除方法

序号	现象	原因	处理方法
1	当有充足阳光直射光伏阵列时,充电指示灯不亮	光伏阵列连线开路	检查光伏阵列两端接线是否正确,接触是否可靠
2	无任何指示灯显示	蓄电池电压小于9V	测量蓄电池两端的电压,至少9V才能启动控制器
3	蓄电池指示灯闪烁	蓄电池超压	①断开光电池连线,测量蓄电池电压是否过高 ②更换控制器 ③更换蓄电池
4	蓄电池指示灯红色常亮	蓄电池过放	待蓄电池充电恢复到低压断开恢复电压以上,或其他方式补充电能

序号	现象	原因	处理方法
5	正常上电，LED光源不亮	①接线不可靠、未正常连接 ②负载控制模式设置不符合需求 ③控制器与LED光源不匹配 ④负载短路	①检查连接线，确保正确、可靠地连接各个部分 ②核对查看负载控制参数的设置，修改相应的负载工作参数 ③LED光源的输入电压范围超出本产品的最大输出电压，更换光源 ④检查输出连接线及LED光源，排除输出短路的隐患
6	LED光源常亮，不能按设置进行功率调整	①控制器与LED光源不匹配 ②本产品为升压式恒流控制，若使用LED光源输入电压低于系统额定电压范围，则无法正常进行功率控制	①更换LED光源，或降低系统额定电压等级并更换产品型号 ②24V额定电压系统降为12V系统，并选用相应的控制器产品
7	参数设置失败	红外通信异常	详见手持设备说明书
8	正常接线时充电状态指示灯不亮	光伏输入端断开或电压低于蓄电池电压	测量控制器上光伏输入端的电压，输入电压必须高于蓄电池电压
9	蓄电池指示灯红色闪烁	蓄电池超温	蓄电池冷却到超温恢复温度以下时，恢复正常充、放电控制

说明：蓄电池过放后，蓄电池电压未达到低压断开恢复电压之前，蓄电池指示灯仍为红色常亮，负载无输出。若需检测，可测量蓄电池电压是否高于低压断开恢复电压，若未达到，可重新启动控制器，检测负载是否正常输出。

（2）LS-LPLI系列锂电池太阳能恒流控制一体机

① LS-LPLI系列太阳能恒流控制一体机简介　LS-LPLI系列锂电池太阳能控制器是集太阳能充电控制器和LED恒流控制于一

体的锂电池专用路灯控制器，采用串联型脉宽调制（PWM）充电技术和全数字技术自动控制充电和放电过程，延长蓄电池寿命，提高系统性能，应用范围广泛。其专用于 LED 室、内外照明，道路照明，景观照明，广告牌灯光等场合。其特点如下：

a. 适用于磷酸铁锂、三元锂等锂电池。

b. 具有锂电池自激活功能。

c. 锂电池低温保护功能，温度保护阈值可自行设定。

d. 智能降功率模式。

e. 输出效率最大值为 96%。

f. 全数字高精度恒流控制，电流控制精度优于 ±2%。

g. 具有放电功率计算及实时电量统计记录功能。

h. 在额定功率、电流范围内可任意调节额定输出电流。

i. 多样的负载控制模式。

j. 自动测试负载功能，控制器启动 10s 后自动开启负载 10s。

k. 红外无线通信设计，通过手持设备查看或修改控制器参数。

l. 全面的电子保护功能。

LS-LPLI 系列控制器接线示意图如图 6-3 所示。

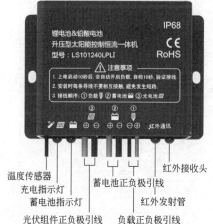

指示灯	颜色	状态	说明
充电指示灯	绿色	常亮	充电正常
	绿色	慢闪	充电过程中
	绿色	快闪	光电池端反接
	绿色	熄灭	无阳光或连接有误
蓄电池指示灯	绿色	常亮	蓄电池正常
	绿色	慢闪	蓄电池充满
	绿色	快闪	蓄电池超压
	橙色	常亮	蓄电池欠压
	红色	常亮	蓄电池过放
	红色	闪烁	蓄电池超温

图 6-3

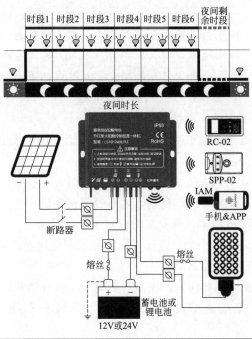

参数项		默认值		修改范围
		模式 1	模式 2	
LED 额定电流		0.35A		0-2.6A(LS101240LPLI)
				0-2.0A(LS102460LPLI)
				0-3.3A(LS2024100LPLI)
时段 1	定时时段 1	4h	8h	00:00—23:59h
	LED 额定电流百分比	100%	100%	0～100%
时段 2	定时时段 2	2h	2h	00:00—23:59h
	LED 额定电流百分比	50%	50%	0～100%
时段 3	定时时段 3	2h	2h	00:00—23:59h
	LED 额定电流百分比	100%	50%	0～100%
时段 4/5	定时时段 4/5	2h	2h	00:00—23:59h
	LED 额定电流百分比	50%	50%	0～100%
时段 6	定时时段 6	2h	2h	00:00—23:59h
	LED 额定电流百分比	50%	100%	0～100%

系统电压	LED 负载串联数	负载输出最小电压	负载输出最大电压
12V 系统	5～18 颗 LED 灯珠	15V	60V
24V 系统	10～18 颗 LED 灯珠	30V	60V

图 6-3　LS-LPLI 系列控制器接线示意图

② LS-LPLI 系列控制器技术参数　LS-LPLI 系列控制器技术参数如表 6-3 所示。

表 6-3　LS-LPLI 系列控制器技术参数

序号	参数	LS101240LPLI	LS102460LPLI	LS2024100LPLI
1	额定电压	12VDC	12/24VDC 自动识别	
2	系统充电电流	10A	10A	20A
3	最大 PV 开路电压	30V	50V	50V
4	控制器蓄电池端工作电压范围	9～16V	9～32V	9～32V
5	最大输出功率	40W/12V	30W/12V,60W/24V	50W/12V,100W/24V
6	最大输出电流	2.6A	2.0A	3.3A
7	输出电压范围	(蓄电池最大电压＋2V)～60V		
8	负载开路电压	60V		
9	最大输出效率	96%		
10	输出电流控制精度	≤30mA		
11	红外通信有效距离	≤6m		
12	蓄电池类型	磷酸铁锂/三元锂/自定义		
13	提升电压	磷酸铁锂:14.6V;三元锂:12.51V;自定义:9～34V		
14	浮充电压	磷酸铁锂:14.4V;三元锂:12.39V;自定义:9～34V		
15	低压断开恢复电压	磷酸铁锂:12.0V;三元锂:10.8V;自定义:9～34V		
16	低压断开电压	磷酸铁锂:10.6V;三元锂:9.3V;自定义:9～34V		
17	静态功耗	≤18mA(12V);≤23mA(24V)		
18	充电回路压降	≤0.14V		
19	工作温度范围	−40～＋55℃		
20	防护等级	IP68(1.5m,72h)		
21	外形尺寸	107mm×68mm×20mm	108.5mm×88mm×25.6mm	
22	安装孔尺寸	100mm	100.5mm	
23	安装孔大小	ϕ4mm	ϕ5mm	
24	电源引线	PV/BAT:14AWG(2.5mm^2) LOAD:18AWG(1.0mm^2)	PV/BAT:12AWG(4.0mm^2) LOAD:18AWG(1.0mm^2)	
25	净重	0.26kg	0.4kg	

注：以上电压参数均为 25℃/12V 系统参数，24V 系统参数×2。

③ LS-LPLI 系列控制器保护功能　LS-LPLI 系列控制器保护功能如表 6-4 所示。

表 6-4 LS-LPLI 系列控制器保护功能

序号	保护功能	条件	状态
1	PV 反接	蓄电池正确连接后反接 PV 有效	控制器不会损坏
2	蓄电池反接	未连接光伏阵列情况下，蓄电池反接有效	控制器不会损坏
3	蓄电池超压	蓄电池电压＞超压断开电压	停止充放电
4	蓄电池过放	蓄电池电压≤低压断开电压	停止放电
5	蓄电池超温	温度传感器检测温度＞65℃	负载无输出
6	蓄电池超温	温度传感器检测温度≤55℃	负载有输出
7	锂电池低温充/放电	温度传感器检测温度≤低温充/放电保护阈值	停止充/放电
8	锂电池低温充/放电	温度传感器检测温度＞低温充/放电保护阈值	开始充/放电
9	负载短路	负载电流≥2.5 倍额定电流 1 次短路关 5s，2 次短路关 10s，3 次短路关 15s，4 次短路关 20s，5 次短路关 25s，6 次短路一直关闭	负载关闭输出
10	负载开路 负载超压	负载最大电压≥68V 1 次开 2s 关 5s，2 次开 2s 关 10s，3 次开 2s 关 15s，4 次开 2s 关 20s，5 次开 2s 关 25s，6 次开 2s 关 5s，7 次开 2s 关 5s	负载关闭输出无限周期循环执行

（3）PWM 太阳能充放电控制器简介

基于串联型脉宽调制（PWM）充电方式，共正极设计，采用全数字化技术和液晶显示屏设计，全自动运行模式，应用范围广泛，如家庭供电系统、交通指示灯、道路监控、小型电站、汽车系统等。PWM 太阳能充放电控制器接线示意图如图 6-4 所示。

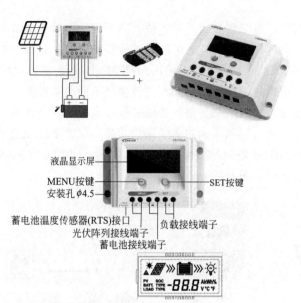

名称	图标	状态
光伏阵列 （PV）		白天
		夜晚
		未充电
		充电中
	PV	光伏阵列的电压、电流和电量
蓄电池 （BATT.）		蓄电池电量、充电中
	BATT.	蓄电池的电压、电流、温度
	BATT. TYPE	蓄电池类型
负载 （LOAD）		负载打开
		负载关闭
	LOAD	负载电流、电量、负载模式

图 6-4　PWM 太阳能充放电控制器接线示意图

（4）MPPT 太阳能充放电控制器简介

MPPT 太阳能充放电控制器采用 MPPT 控制算法，在任何环境下均能快速追踪到光伏阵列的最大功率点，实时获取太阳能电池板的最大能量，显著提高太阳能系统能量利用率；具有本机液晶屏和远程表头双重显示功能；采用标准 Modbus 通信协议的通信接口，方便用户拓展应用，最大程度地满足不同的监控需求，可应用于通信基站、户用系统、路灯系统和野外监控等多个领域；全面的电子故障自测功能和强大的电子保护功能，最大限度地避免由于安装错误和系统故障而导致系统部件的损坏。MPPT 太阳能充放电控制器接线示意图如图 6-5 所示。

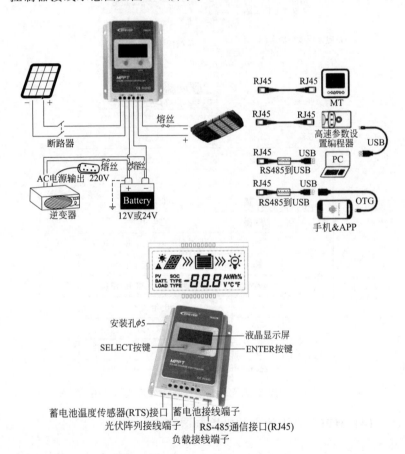

名称	图标	状态
光伏阵列 （PV）	☀📷	白天
	🌙	夜晚
	⚡📷 📱	未充电
	⚡📷》📱	充电中
	PV	光伏阵列的电压、电流和电量
蓄电池 （BATT.）	📱	超压、过放、超温、正在充电
	BATT.	蓄电池的电压、电流、温度
	BATT. TYPE	蓄电池类型
负载 （LOAD）	💡	负载打开
	💡	负载关闭
	LOAD	负载电流、电量、负载模式

图 6-5　MPPT 太阳能充放电控制器接线示意图

　　某公司主要生产太阳能智能控制器、LED 专用控制器、市电互补控制器、路灯控制器、家用系统控制器、电站控制器、MPPT控制器及其他太阳能相关产品。太阳能一体化路灯控制器的接线图如图 6-6 所示。

充电指示灯
蓄电池指示灯
负载指示灯
接收端口
发送端口
温度传感器
连接线

LED 灯	指示内容	状态	功能
📷	充电指示	常亮	电池板电压高于光控电压
		熄灭	电池板电压低于光控电压
		慢闪	正在充电
		快闪	系统超压
🔋	蓄电池 指示	常亮	蓄电池工作正常
		熄灭	蓄电池没有连接
		快闪	蓄电池过放
💡	负载指示	常亮	负载打开
		熄灭	负载关闭
		慢闪	LED 负载开路
		快闪	LED 负载短路

图 6-6

参数名称	参数值	参数可调	默认值
型号	MH60		
系统电压	12V		
输出功率	60W/12V		
输出电流	0.35～3.3A	√	330mA
静态功耗	12.5mA/12V		
额定充电电流	8A		
太阳能板功率	≤100W		
太阳能板开路电压	<40V		
MPPT追踪效率	99%		
恒流源典型效率	90%～96%		
超压保护	过充电压+2V		16.6V
充电路值电压	过充电压+1V		15.6V
过充电压	8.0～17.0V	√	14.6V
过充返回电压	8.0～17.0V	√	13.6V
过放电压	8.0～17.0V	√	10.0V
过放返回电压	8.0～17.0V	√	12.0V
电流精度	±3%(负载电流>300mA)		
负载输出电压	<40V		
过温保护	环境温度:85℃(负载降功率)		
光控电压	5～11V	√	5V
光控延时	1～50min	√	1min
工作温度	−35～+65℃		
防护等级	IP68		
重量	200g		
尺寸/mm	82×82×20		

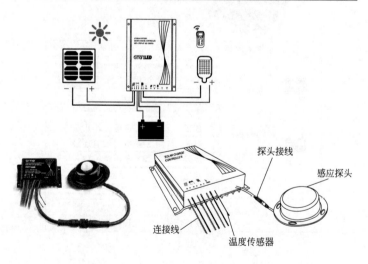

探头接线
感应探头
连接线
温度传感器

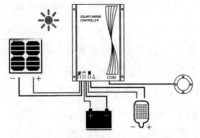

系统电压	推荐最小 LED 串联数目 n	负载输出电压 U_{out}
12V	$n \geqslant 5$	$U_{out} \geqslant 15V$
24V	$n \geqslant 10$	$U_{out} \geqslant 30V$

现象	问题及处理方法
指示灯灭	检查控制器接线是否正确可靠
指示灯快闪	检查蓄电池是否过放,负载开路或短路
有阳光时不充电	检查太阳板连接是否正确可靠,太阳板是否被遮盖
负载电流未达到设置值	请检查电流值是否超过控制器最大允许电流

图 6-6　太阳能一体化路灯控制器的接线图

说明:

① 太阳能一体化路灯控制器适用三元锂、磷酸铁锂、钴酸锂等锂电池。

② 智能功率模式,可根据蓄电池电量自动调节负载功率,最大限度延长蓄电池工作时间。

③ 锂电池低温充电保护功能,当环境温度低于零度时,可停止低温充电,有效保护电池。

④ 负载升压恒流输出,可直接最大驱动 12 颗串联灯珠,最大负载功率 $P_{LED} \leqslant 60W$。

6.2　风光互补控制系统

某公司生产的风光互补路灯控制器产品系列丰富。其采用 PWM 方式进行无极卸载,将多余的电能释放到卸荷器上,使蓄电池处在最佳的充电状态;工作电压为 DC12V、24V、48V;风机功率为 300~3000W。

风光互补控制器是同时控制风力发电机和光伏电池板，将风能和太阳能转化为电能并储存到蓄电池组的控制装置。风光互补控制器是离网发电系统中最为重要的部件，其性能影响到整个系统的寿命和运行稳定性，特别是影响蓄电池的使用寿命。在任何情况下，对蓄电池的过充电或过放电都会使蓄电池的使用寿命缩短。它适用于独立风光互补发电电站、移动通信基站、高速公路、沿海海岛、偏远山区、边防哨所、景观照明、路灯等无人区域的电力供应。

　　风光互补控制逆变器是集风能、太阳能控制和直流逆变于一体的智能电源，主要应用于风能、太阳能等新能源发电系统，为交通不便、环境恶劣的山区、牧区、边防、海岛等无电地区的正常供电提供了有效保障。

　　风光互补控制器及风光互补控制逆变器的外形如图 6-7 所示。

图 6-7　风光互补控制器及风光互补控制逆变器外形

高性能风光互补路灯控制器技术参数如表 6-5 所示。

表 6-5　高性能风光互补路灯控制器技术参数

序号	参数		WWS03-12	WWS06-24
1	风机输入参数	额定风机功率	300W	600W
2		额定输入电压	DC 12V	DC 24V
3		最大输入电压	DC 18V	DC 36V
4		额定输入电流	DC 25A	DC 25A
5		最大输入电流	DC 38A	DC 38A

序号		参数	WWS03-12	WWS06-24
6	风机制动	风机过流保护	大于 30ADC,完全卸荷,10min 后恢复	
7		风机手动制动	按键刹车	
8		制动条件	风机电压、风机转速、风速	
9	输出参数	额定输出电压	DC 14.5V	DC 29V
10		配套额定蓄电池电压	DC 12V	DC 24V
11		最大输出电压	DC 16V	DC 32V
12		输出过压(HVD)保护	DC 14.5V	DC 29V
13		温度补偿功能	−3mV/℃/2V	
14		输出开路保护	有	
15		蓄电池反接保护	有	
16	直流负载输出参数	直流负载路数	两路	
17		直流负载过压保护	DC 16V	DC 32V
18		直流负载欠压保护	DC 10.8V	DC 21.6V
19		额定输出电流	10A/路	
20		直流负载过载保护	120%额定直流输出电流 1min,150%额定直流输出电流 10s	
21		直流负载短路保护	200%额定直流输出电流,瞬时保护	
22	光伏控制	额定光伏功率	150W	
23		最大输入电压	DC 24V	DC 48V
24		额定输入电流	6A	3A
25		光伏反接保护	有	
26		光伏反向放电保护	有	
27	一般参数	待机损耗	≤0.3W	≤0.6W
28		风能转换效率	≥90%	
29		显示方式	LCD	
30		显示内容	蓄电池电压、风机电压、风机电流、风机功率、光伏电压、光伏电流、光伏功率,以及过压、欠压、过载、短路、黑夜等多种工作状态	
31		监控模式	RS232/RS485/RJ45/GPRS/Wifi/蓝牙	
32		监控内容	遥测:蓄电池电压、风机电压、风机电流、风机功率、光伏电压、光伏电流、光伏功率、输出电流等 遥信:欠电压、过电压、负载短路、负载过载等 遥控:欠电压、过电压、风机过流、风机制动、输出方式设置等	

序号	参数		WWS03-12	WWS06-24
33	一般参数	浪涌(冲击)保护	有	
34		工作环境温/湿度	−20～+40℃/不大于95%,无凝露	
35		海拔高度	不大于1000m,大于1000m时应按GB/T 3859.2的规定降容使用	
36		噪声	≤65dB(A)	
37		冷却方式	自冷	
38		外壳防护等级	IP53	
39		尺寸	205mm×150mm×62mm	

高性能风光互补路灯控制器 1kW、2kW、3kW 技术参数如表 6-6～表 6-8 所示。

表 6-6 1kW 技术参数

产品型号	WWS10-24-N00	WWS10-48-N00	WWS10-48-B00
蓄电池组额定电压	24V	48V	48V
风机额定输入功率	1kW	1kW	1kW
风机最大输入功率	1.5kW	1.5kW	1.5kW
风机刹车电流点	42A	21A	21A
光伏额定输入功率	0.3kW	0.3kW	0.3kW
浮充电压点	29V	58V	58V
参考尺寸	442mm×425mm×172mm		控制箱:205mm×150mm×82mm 卸荷箱:400mm×108mm×50mm
参考质量	10kg		控制箱:2.2kg 卸荷箱:3.3kg
显示方式	LCD液晶屏显示		
冷却方式	风扇冷却		
防护等级	IP20(室内)		
静态电流	≤20mA		
保护功能	蓄电池过充、防反接保护;太阳能防反充、防反接保护;风机过转速、过风速、风机过电压、风机过电流保护;手动刹车、自动刹车保护;防雷保护等		
使用环境温度	−20～+55℃		
使用环境湿度	0～93%,不结露		
使用海拔	≤4000m		
小电流充电功能参数			
风机起始充电电压	12V		24V
参考尺寸	控制箱:440mm×305mm×170mm 卸荷箱:410mm×270mm×175mm		控制箱:440mm×305mm×170mm 卸荷箱:300mm×190mm×120mm

产品型号	WWS10-24-N00	WWS10-48-N00	WWS10-48-B00
参考质量	控制箱:7.5kg 卸荷箱:7kg		控制箱:7.5kg 卸荷箱:3.5kg
低压充电功能参数			
风机起始充电电压	4V		8V
输入导纳值/S	10/15		10/60
参考尺寸	控制箱:440mm×305mm×170mm 卸荷箱:410mm×270mm×175mm		控制箱:440mm×305mm×170mm 卸荷箱:300mm×190mm×120mm
参考质量	控制箱:7.5kg 卸荷箱:7kg		控制箱:7.5kg 卸荷箱:3.5kg

表6-7 2kW技术参数

产品型号	WWS20-48	WWS20-96	WWS20-110	WWS20-120	WWS20-220
蓄电池组额定电压	48V	96V	110V	120V	220V
风机额定输入功率	2kW	2kW	2kW	2kW	2kW
风机最大输入功率	3kW	3kW	3kW	3kW	3kW
风机刹车电流点	42A	21A	19A	17A	10A
光伏额定输入功率	0.6kW	0.6kW	0.6kW	0.6kW	0.6kW
浮充电压点	58V	116V	133V	145V	266V
参考尺寸	442mm×425mm×172mm				
参考质量	11.5kg				
显示方式	LCD液晶屏显示				
冷却方式	风扇冷却				
防护等级	IP20(室内)				
静态电流	≤20mA				
保护功能	蓄电池过充、防反接保护;太阳能防反充、防反接保护;风机过转速、过风速、风机过电压、风机过电流保护;手动刹车、自动刹车保护;防雷保护等				
使用环境温度	-20~+55℃				
使用环境湿度	0~93%,不结露				
使用海拔	≤4000m				
低压充电功能参数					
风机起始充电电压	8V	20V	20V	20V	40V
输入导纳值/S	10/30	10/150	10/150	10/150	5/300
参考尺寸	控制箱:440mm×305mm×170mm,卸荷箱:410mm×430mm×175mm				
参考质量	控制箱:8kg。卸荷箱:13kg				

表 6-8　3kW 技术参数

产品型号	WWS30-48	WWS30-96	WWS30-110	WWS30-120	WWS30-220
蓄电池组额定电压	48V	96V	110V	120V	220V
风机额定输入功率	3kW	3kW	3kW	3kW	3kW
风机最大输入功率	4.5kW	4.5kW	4.5kW	4.5kW	4.5kW
风机刹车电流点	63A	32A	28A	25A	14A
光伏额定输入功率	0.9kW	0.9kW	0.9kW	0.9kW	0.9kW
浮充电压点	58V	116V	133V	145V	266V
参考尺寸	442mm×525mm×172mm				
参考质量	15kg				
显示方式	LCD 液晶屏显示				
冷却方式	风扇冷却				
防护等级	IP20(室内)				
静态电流	≤20mA				
保护功能	蓄电池过充、防反接保护;太阳能防反充、防反接保护;风机过转速、过风速、风机过电压、风机过电流保护;手动刹车、自动刹车保护;防雷保护等				
使用环境温度	−20～+55℃				
使用环境湿度	0～93%,不结露				
使用海拔	≤4000m				
低压充电功能参数					
风机起始充电电压	8V	20V	20V	20V	40V
输入导纳值/S	10/30	10/150	10/150	10/150	5/300
参考尺寸	控制箱:440mm×305mm×170mm,卸荷箱:540mm×430mm×175mm				
参考质量	控制箱:7.5kg。卸荷箱:16kg				

风光互补路灯控制器异常现象及处理方法如表 6-9 所示。

表 6-9　风光互补路灯控制器异常现象及处理方法

序号	现象	处理方法
1	蓄电池图标 带 5 个横条闪烁且无充、放电	①蓄电池过充,检查蓄电池电压 ②检查蓄电池连接线是否断开,若断开则重新连接各部件
2	蓄电池框 闪烁,且无输出	①蓄电池过放,蓄电池电量不足,充满电后继续使用 ②长期过放需拆下蓄电池,用充电机恢复

序号	现象	处理方法
3	负载图标 闪烁，且无输出	①负载过载，检查负载 ②移除多余的或不正常的负载，按 Esc 键恢复使用
4	闪烁且无输出	①负载短路，检查负载及连接线 ②排除负载端短路隐患或损坏的负载后，按 Esc 键恢复使用
5	LCD 液晶不显示	①由于 LCD 液晶线连接松动，打开机箱检查 ②蓄电池反接导致控制器内部熔丝熔断，打开机箱检查熔丝 ③蓄电池没有电量或者蓄电池的连接线虚接等，请检查蓄电池电压和连接线是否牢固

某新能源科技有限公司生产降压型风光互补路灯控制器与升压型风光互补路灯控制器，其工作接线示意图如图 6-8 所示。

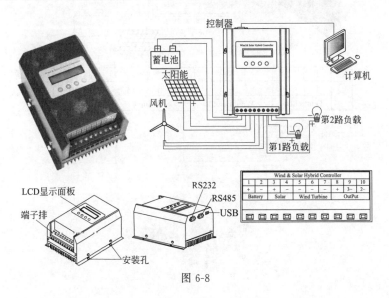

图 6-8

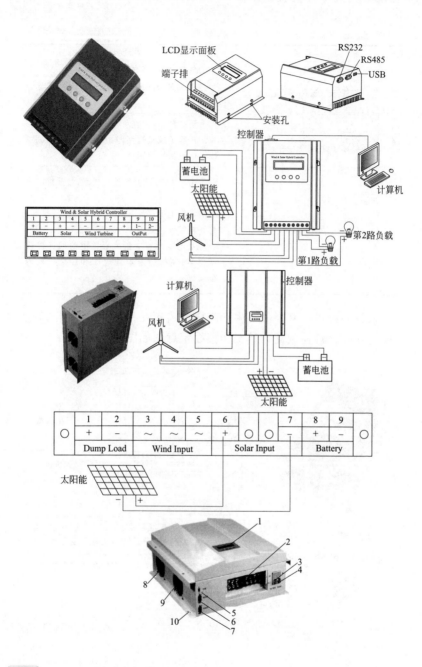

序号	名称	描述
1	LCD显示面板	作为人机交互界面,控制器LCD显示面板可供用户查看控制器运行状态、信息等,也可以为控制器设置参数
2	端子排	连接风机、光伏组件、蓄电池及负载的接线端子排
3	蓄电池开关	安全打开(ON)或切断(OFF)蓄电池电流
4	风机刹车开关	启动(ON)或关闭(OFF)风机卸载
5	USB	数据存储(若不购买,则无 USB 接口)
6	RS485	通信串口(若不购买,则无此串口)
7	RS232	通信串口(若不购买,则无此串口)
8	电阻散热风扇	风机刹车,该风扇转动,辅助电阻散热
9	系统散热风扇	充电电流过高,该风扇转动,辅助控制器内部系统散热
10	安装孔	安装控制器所需

图 6-8　风光互补路灯控制器工作接线示意图

　　某绿色能源有限公司生产的风光互补控制器外形如图 6-9 所示。风光互补控制器是专门为风能、太阳能发电系统设计的,集风能控制、太阳能于一体的智能型控制器。设备不仅能够高效率地转化风力发电机和太阳能电池板所发出的电能,对蓄电池进行充电,而且还提供了强大的控制功能。

图 6-9　风光互补控制器外形

6.3　恒流源控制系统

　　恒流源是大功率 LED 专用驱动器,由市电(AC85～265V)

直接控制转变成 DC 恒流输出，其输出的电压可以随 LED 的个数而变化。风光互补 LED 照明系统都是恒流源供电。恒流源以两种方式存在：控制器本身具有恒流源，还有外加恒流源系统。

说明：LED 的伏安特性具有负温度系数的特点，是随着温度而变化的，在恒压供电时，LED 电流随温度变化而变化。LED 供电都是采用恒流源。

Tracer-LPLI 系列是集太阳能最大功率点跟踪（MPPT）充电技术和 LED 光源恒流驱动技术于一体的锂电 MPPT 专用路灯控制器。MPPT 设计比 PWM 设计的充电效率高出 $15\% \sim 25\%$，会以 PV 最大功率充电，显著提高路灯系统的充电功率，降低系统成本，专用于 LED 室，内外照明，道路照明，景观照明，广告牌灯光等应用场合。Tracer-LPLI 系列外形及应用电路图如图 6-10 所示。

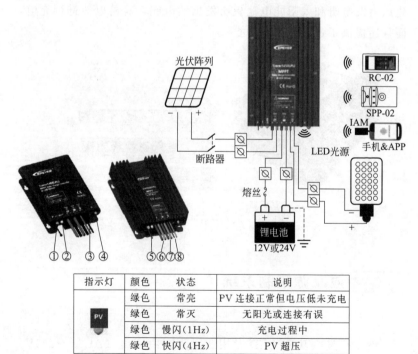

指示灯	颜色	状态	说明
PV	绿色	常亮	PV 连接正常但电压低未充电
	绿色	常灭	无阳光或连接有误
	绿色	慢闪(1Hz)	充电过程中
	绿色	快闪(4Hz)	PV 超压

指示灯	颜色	状态	说明
	绿色	常亮	蓄电池正常
	绿色	慢闪(1Hz)	蓄电池充满
	绿色	快闪(4Hz)	蓄电池过压
BATT	橙色	常亮	蓄电池欠压
	红色	常亮	蓄电池过放
	红色	快闪(4Hz)	蓄电池超温
			蓄电池低温

①	充电指示灯	⑤	温度传感器
②	蓄电池指示灯	⑥	光伏阵列正负极引线
③	红外接收头	⑦	蓄电池正负极引线
④	红外发射管	⑧	负载正负极引线

图 6-10　Tracer-LPLI 系列外形及应用电路图

DCCP 系列直流恒流驱动电源专用于 LED 室、内外照明应用场合，如道路照明、景观照明、广告牌灯光等；效率高，控制精度高，体积小巧，全防水灌封，负载的控制方式可任意设定。此产品可有效减少光衰，保证 LED 光源的使用寿命。DCCP 系列直流恒流驱动电源外形及应用电路图如图 6-11 所示。

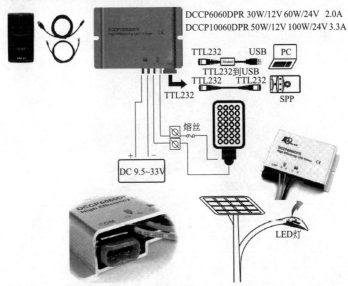

图 6-11

型号	DCCP6060DPR	DCCP10060DPR
额定电压	12/24V	
输入电压范围	9.5～33.0V	
负载功率	30W/12V,60W/24V	50W/12V,100W/24V
最大效率	93％/12V;95％/24V	
额定输出电流	2.0A	3.3A
负载电流	60W÷LED 负载电压	100W÷LED 负载电压
输出电压范围	高于输入电压且＜60.0V	
负载开路电压	60.0V	
输出功率达到稳态时间	＜10s	
静态功耗	≤8.5mA(12V) ≤11.0mA(24V)	
电流控制精度	±2％	

图 6-11　DCCP 系列直流恒流驱动电源外形及应用电路图

　　某可再生能源科技股份公司生产的 SDN 系列全数字太阳能控制恒流一体机，集太阳能充放电控制器和 LED 光源恒流驱动电源于一体，广泛应用于太阳能路灯、太阳能庭院灯系统。其具有高可靠性、高效率、高精度、安装简单的特点，可适应各种工作环境。SDN 系列全数字太阳能控制恒流一体机外形、参数及接线图如图 6-12 所示。

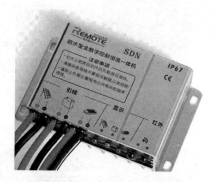

规格	SDN-40W	SDN-60W	SDN-100W	SDN-150W
系统电压	12V/24V 系统自动识别		24V 系统	
最大输出功率	40W	60W	100W	150W
输出电压	(Vin＋5V)～65V			
输出纹波	≤600mV			
最大输出电流	2.0A	2.0～4.0A	2.0～3.0A	2.0～5.0A

输出恒流精度	<3%(典型值)	
典型效率	92%~96%	
工作温度	−35~55℃(−40~90℃可定制)	
空载电流	≤5~18mA	
温度补偿	−5mV/℃(充电电压、过放电压补偿)	
控制方式	充电:PWM脉宽调制,恒流输出:PWM+智能高频软调制	
外形尺寸	88mm×53mm×21mm	88mm×83mm×21mm
安装尺寸	81mm×40mm	81mm×40mm
安装孔径	φ3mm	
质量	0.14kg	0.21kg

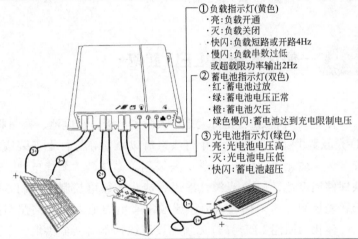

①负载指示灯(黄色)
·亮:负载开通
·灭:负载关闭
·快闪:负载短路或开路4Hz
·慢闪:负载串数过低
或超载限功率输出2Hz
②蓄电池指示灯(双色)
·红:蓄电池过放
·绿:蓄电池电压正常
·橙:蓄电池欠压
·绿色慢闪:蓄电池达到充电限制电压
③光电池指示灯(绿色)
·亮:光电池电压高
·灭:光电池电压低
·快闪:蓄电池超压

项目	描述
充电过温保护	光电池输入端电流过高,导致控制器超温,控制器会自动切断光伏输入
光电池极性反接保护	光电池极性接反时,控制器不会损坏,修正接线错误后会继续正常工作
超功率保护	当负载功率超过额定功率15%时,将进入超功率保护模式,避免控制损坏
负载故障	如果控制器负载连线存在短路或开路,控制器会自动保护,负载指示灯快闪,并且每间隔一段时间自动检测负载端的故障是否已经排除,如果故障持续存在7min以上,控制器将不再尝试开启负载,直到第二天再次开始尝试或由人员排除故障后通过控制器手动排除故障

图 6-12

项目	描述
过充保护	当蓄电池电压过高时,控制器会自动断开充电电路,以避免损坏蓄电池
过放保护	当放电放至蓄电池电压偏低时,控制器会主动切断负载输出,利于保护蓄电池
蓄电池极性反接保护	蓄电池极性接反时,控制器不会损坏,修正接线错误后会继续正常工作
温度传感器故障保护	温度传感器短路或损坏时,控制器会默认在 25℃ 下工作,以避免错误的温度补偿对蓄电池造成损害

图 6-12　SDN 系列全数字太阳能控制恒流一体机外形、参数及接线图

6.4　一体化太阳能 LED 路灯

　　一体化太阳能 LED 路灯就是将太阳电池板、锂电池、控制器、LED 光源集中在一起做成一个灯头,可以直接在灯杆上安装或挑臂安装。一体化太阳能 LED 路灯是采用单晶体硅太阳能电池、磷酸铁锂储能电池、LED 光源,采用智能化充放电控制器控制,阴雨天智能控制,用于代替电力照明或没有电力地方的公共照明路灯。一体化太阳能 LED 路灯无须铺设线缆,不需交流供电,不产生电费;采用直流供电、光敏以及人体感应/时控控制;广泛应用于小区、广场、公园、街道、庭院、新农村建设、园林景区等场所。一体化太阳能 LED 路灯外形如图 6-13 所示。其采用纯三元锂电池,低内阻,18650 高容量电芯,温度适应范围为 $-20\sim60℃$,寿命更久。

　　一体化太阳能 LED 路灯控制电路必须具有对锂电系统的均衡功能,防止因系统电池不均衡造成的寿命衰减;应具有低温保护功能,防止环境温度过低对锂电系统造成损坏。一体化太阳能 LED 路灯具有亮灯和熄灯的光控功能和智能控制功能。

　　一体化太阳能 LED 路灯由高效光伏组件、大容量锂电池、微

电脑 MPPT 智能控制器、高亮度 LED 光源、PIR 人体感应探头等组成。

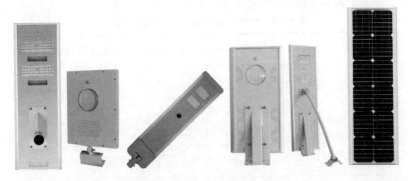

图 6-13　一体化太阳能 LED 路灯外形

一体化太阳能 LED 路灯的安装示意图如图 6-14 所示。

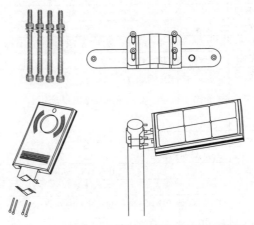

图 6-14　一体化太阳能 LED 路灯的安装示意图

　　一体化太阳能 LED 路灯由太阳能电池板将光能转换为电能，然后传输给锂电池。在白天，太阳能电池板收集光能，然后将光能转化为电能存储起来，晚上通过控制器自动给 LED 灯具供电，实现夜间照明，同时一体化太阳能 LED 路灯具备 PIR 红外线人体感应功能，有人经过时全功率亮灯，无人时半功率亮灯，延长 LED 灯具工作时间，实现智能节省能源。

一体化太阳能 LED 路灯参数表如表 6-10 所示。

表 6-10　一体化太阳能 LED 路灯参数表

型号		KKS-YT5	KKS-YT10	KKS-YT20	KKS-YT30	KKS-YT40	KKS-YT60
LED 灯参数	功率/W	5	10	20	30	40	60
	LED 品牌	三安 2835	三安 5730			普瑞 45ML	
	光通量/lm	380	800	1400	2100	3300	6000
	使用寿命	50000h					
电池板参数	功率/W	6	15	28	40	50	70
	规格材料	高效单晶硅					
	使用寿命	25 年					
蓄电池参数	容量	6.6A·h 3.7V	4.4A·h 12V	8.8A·h 12V	13.2A·h 12V	17.6A·h 12V	26.4A·h 12V
	类型材料	纯三元低内阻锂电池					
	使用寿命	5 年					
充电时间	正常日照	6~8h					
工作环境	温度	−20~60℃					
安装高度	高度/m	3	3~6	3~7	6~8	6~8	7~10
间隔距离	距离/m	4~6	10~12	15~20	25~30	30~35	40~50
工作模式	模式	光控	人体感应 & 光控				人体感应、光控、延时感应、时控
工作时间		阴雨天 2 天					
外壳材质		铁质烤漆	氧化处理铝合金				
防护等级	证书	IP65、CE、MSDS					
质量保证	时间	1 年					
产品尺寸质量	产品/mm	330×175×90	410×250×90	530×400×45	655×400×45	790×400×45	1250×400×45
	产品质量/kg	1.4	2.2	5.6	6.6	8.5	15
	包装/mm	360×240×110	460×280×100	660×465×130	800×465×130	940×460×130	1300×460×130
	包装质量/kg	1.85	2.9	6.8	7.95	9.8	17
太阳能电池板寿命		25 年					
工作温度		−30~+70℃					

型号	KKS-YT5	KKS-YT10	KKS-YT20	KKS-YT30	KKS YT40	KKS YT60
太阳能充电时间	6h(强光)					
LED灯使用寿命	50000h					
保修期	2年					
电池	磷酸铁锂电池 (12.8V/30A·h A品山木)	磷酸铁锂电池 (12.8V/33A·h A品山木)	磷酸铁锂电池 (12.8V/36A·h A品山木)	磷酸铁锂电池 (12.8V/42A·h A品山木)	磷酸铁锂电池 (12.8V/48A·h A品山木)	
太阳能电池板最大功率	18V/60W美国高效单晶硅	18V/70W美国高效单晶硅	18V/80W美国高效单晶硅	18V/90W美国高效单晶硅	18V/100W美国高效单晶硅	
LED灯最大功率	12V/40W	12V/50W	12V/60W	12V/70W	12V/80W	
产品尺寸/mm	1080×295×450	1080×295×450	1080×418×450	1080×418×450	1080×418×450	
产品净重/kg	17	21	22	25	28	
产品毛重/kg	20	24	25	28	31	
建议亮灯间距/m	25~30	30~35	35~45	45~55	55~65	
安装高度/m	5~6	6~7	6~7	7~8	8~9	

说明：

① 太阳能一体化 LED 路灯工作不能离开阳光，请根据安装地的日照强度或太阳能的年辐射总量来选择合适的产品型号。

② 在日照不足或连续阴雨天过长的地区，太阳能 LED 灯具的工作时间会缩短或不亮，建议选用带市电补偿、具有市电/太阳能双供电功能的太阳能一体化 LED 路灯。

③ 太阳能一体化路灯采用长寿命锂离子电池作为储能器件，白天的充电条件为 0~60℃，夜晚放电条件为 −20~60℃。

④ 太阳能一体化 LED 路灯在充满电后最长的存储期为六个月，如经过长时间的运输或存储，需要及时进行检查，定期充电并

记录。

⑤ 太阳能一体化 LED 路灯储存期间每两个月对电池进行充电，在太阳下照射即可。

⑥ 在北半球安装本产品时，尽可能使太阳能板朝向南方，以获取最大的光照能量。

⑦ 在南半球，安装时太阳板朝向北方。

⑧ 太阳能一体化 LED 路灯存储过程中，应防止重压，不与高温热源或明火接触，不应露天暴晒。

⑨ 太阳能一体化 LED 路灯卸货时，应小心搬运，不应使用手钩，不应将包装箱从运输工具上推下或丢下。

⑩ 太阳能一体化 LED 路灯需要避开房屋、树木等障碍物，因为障碍物会降低太阳能板的发电效率，导致其工作时间缩短。

⑪ 太阳能一体化 LED 路灯中的太阳能板表面的清洁程度也会影响太阳能板的发电效率，建议定期用普通的清洁剂刷洗即可。

某公司生产的一体化太阳能路灯有 4 种规格，其外形与尺寸如图 6-15 所示。

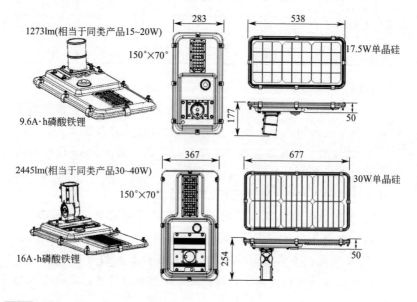

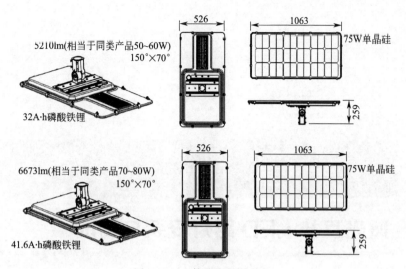

5210lm(相当于同类产品50~60W)
150°×70°

32A·h磷酸铁锂

526

1063

75W单晶硅

259

6673lm(相当于同类产品70~80W)
150°×70°

41.6A·h磷酸铁锂

526

1063

75W单晶硅

259

图 6-15　一体化太阳能路灯

CHAPTER **7**

第7章 >>>

风光互补 LED 路灯安装与调试

7.1 安装工具、测试工具、安装材料

(1) 风光互补 LED 路灯安装工具

风光互补 LED 路灯安装工具及辅助材料如表 7-1 所示。

表 7-1   风光互补 LED 路灯安装工具及辅助材料

序号	名称	图示	作用	备注
1	一字螺丝刀	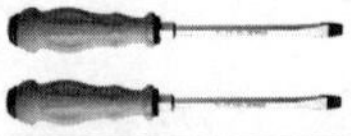	用来拧转螺钉以迫使其就位	螺丝刀种类多，大小不一
2	十字螺丝刀			
3	剥线钳	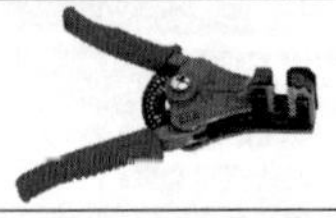	剥除电线头部的表面绝缘层	
4	活动扳手		开口宽度可在一定范围内调节，用来紧固和起松不同规格的螺母和螺栓	

序号	名称	图示	作用	备注
5	万用表		电力电子等领域不可缺少的测量仪表,一般以测量电压、电流和电阻为主要目的	
6	钳流表		用于测量正在运行的电气线路的电流大小的仪表,可在不断电的情况下测量电流	
7	偏口钳		主要用于剪切导线、元器件多余的引线	斜口钳
8	热风枪		利用发热电阻丝的枪芯吹出的热风来对元件进行焊接与摘取或收缩热缩管	
9	力矩扳手		既可初紧又可终紧,它的使用方法是先调节转矩,再紧固螺栓	
10	指南针		磁针在天然地磁场的作用下可以自由转动并保持在磁子午线的切线方向上,磁针的北极指向地理的北极,利用这一性能可以辨别方向	
11	热缩套管	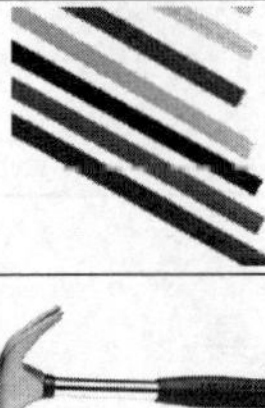	对电线、电缆和电线端子提供绝缘保护	
12	羊角锤	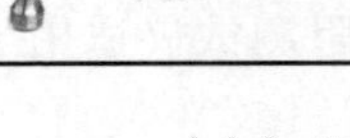	一般羊角锤的一头是圆的,一头扁平向下弯曲并且开 V 口,目的是起钉子	2kg 左右

序号	名称	图示	作用	备注
13	压线钳		用来压制水晶头	电话线接头和网线接头都是用压线钳压制而成的
14	成套内六角扳手		通过转矩施加对螺钉的作用力,大大降低了使用者的用力强度,是工业制造业中不可或缺的得力工具	
15	卷尺		钢卷尺常用于建筑和装修场合,也是家庭必备工具之一	
16	成套套筒扳手		利用杠杆原理拧转螺栓、螺钉、螺母等,紧持开口	
17	手动玻璃胶枪		挤出玻璃胶	
18	玻璃胶		家庭常用的黏合剂,主要成分为硅酸钠和乙酸以及有机性的硅酮	
19	手电钻		以交流电源或直流电池为动力的钻孔工具,由钻夹头、输出轴、齿轮、转子、定子、机壳、开关和电缆线构成	13mm,4~12mm钻头
20	钢丝		用热轧盘条经冷拉制成的再加工产品	$\phi2mm$

(2) 风光互补 LED 路灯测试工具

① 接地电阻测试仪　接地电阻测试仪适用于电力、邮电、铁

路、通信、矿山等部门测量各种装置的接地电阻以及低电阻的导体电阻值；接地电阻测试仪还可以测量土壤电阻率及地电压。接地电阻测试仪的外形如图 7-1 所示。

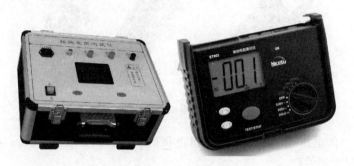

图 7-1　接地电阻测试仪外形

② 照度仪　照度仪是用来测量光线强弱等级的专用设备。照度仪的外形如图 7-2 所示。

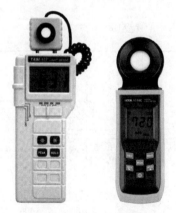

图 7-2　照度仪外形

③ 钳流表　钳流表是一种用于测量正在运行的电气线路的电流大小的仪表，可在不断电的情况下测量电流。钳流表的外形如图 7-3 所示。

图 7-3　钳流表的外形

④ 电压表　电压表是测量电压的一种仪器，电压表必须与被测用电器并联。

(3) 风光互补 LED 路灯安装材料

① 太阳能 LED 路灯地基基础示意图　太阳能 LED 路灯地基基础示意图如图 7-4 所示。

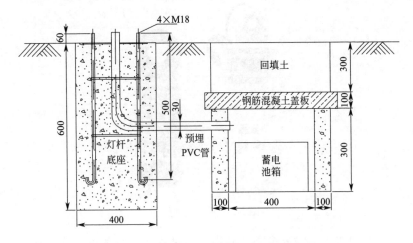

图 7-4　太阳能 LED 路灯地基基础示意图

风光互补 LED 路灯地基基础示意图如图 7-5 所示。

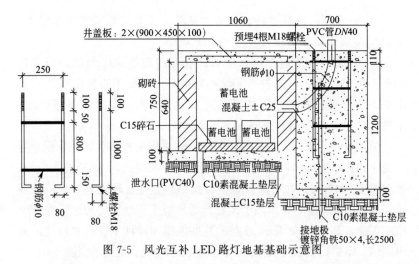

图 7-5　风光互补 LED 路灯地基基础示意图

说明：

①路灯基础混凝土强度等级不低于 C25，机械搅拌，机械振捣施工。蓄电池室采用混凝土现场浇注，强度等级不低于 C25，上表面距离地表 300mm 以上。

②基础笼浇注混凝土前，用水平尺测量校平，并确保四地脚螺栓与定位法兰垂直；按要求预埋 PVC 管，PVC 管高出基础顶面 100mm 以上，另一端从基础侧面穿出，约离定位法兰垂直距离 500mm。

③将电池箱固定在离灯杆尽量近的地方，放置水平且最好垫高 50～100mm；将端接头固定到电池箱上；再将包塑金属软管与端接头相接，金属软管的另一端穿入基础的 PVC 预埋管中，一直伸到灯杆内。

④电缆穿线管 $\phi 25mm$ 以上，可用 PVC 管，穿线管应与电瓶或市电电缆方向一致。接地电阻应小于 10Ω。

⑤施工前螺牙应用透明胶带裹好，以防水泥砂浆粘上，导致不便拧固螺母。

⑥以 C20 混凝土浇筑固定，浇筑过程中要不停用振动棒振动，保证整体的密实性、牢固性。

⑦混凝土凝固过程中，要定时浇水养护；待混凝土完全凝固（一般为 72h 以上）才能进行风光互补 LED 照明路灯的吊装。

⑧ 安装时，应将螺栓由外向里安装，并套上垫圈用螺母紧固，紧固时要求螺栓连接处连接牢固，无松动。

② 电缆 电缆通常由单股或多股导线和绝缘层组成，用来连接电路、电器等。电缆按照光伏电站的系统可分为直流电缆及交流电缆，户外敷设较多，需防潮、防暴晒、耐寒、耐热、抗紫外线，某些特殊的环境下还需防酸碱等化学物质。

就光伏应用而言，户外使用的材料应根据紫外线、臭氧、剧烈温度变化和化学侵蚀情况而定。光伏电缆是一种电子束交叉链接电缆，额定温度为 120℃，在所属设备中可抵御恶劣气候环境和经受机械冲击。根据国际标准，太阳能电缆在户外环境下，其使用寿命是橡胶电缆的 8 倍，是 PVC 电缆的 32 倍。这些电缆和部件不仅具有最佳的耐风雨性、耐紫外线和臭氧侵蚀性，而且能承受更大范围的温度变化。

风机电缆采用无氧铜丝或镀锡铜丝，结构符合 GB/T 3956—2008 中第 5 类的要求；采用硅橡胶，性能符合 XJ-80A 型绝缘胶；采用氯化聚乙烯橡胶，性能符合 XH-03 型护套胶。

目前风光互补 LED 照明系统用的电缆是 RVV 电源线缆，RVV 电缆全称为铜芯聚氯乙烯绝缘聚氯乙烯护套软电缆，常应用于电器、仪表和电子设备及自动化装置用电源线、控制线及信号传输线等。

说明：

① 电缆线外皮如有开裂、破损，要及时更换。线头如有生锈、松动或线头固定螺钉生锈、松动，也要及时处理。更换电源线时电源线上面的永久性标识不要丢掉或撕坏。

② 电缆中常用的绝缘材料有聚氯乙烯、聚氨酯、聚乙烯、交联聚乙烯、聚四氟聚合物、硅橡胶、氯丁橡胶等。

7.2 风光互补 LED 路灯安装

风光互补 LED 路灯系统的风力发电机组功率通常为 300～

1000W。太阳能电池组件使用功率通常为 80～600W。风能发电和太阳能发电应互相匹配，满足风光互补 LED 路灯至少在连续 3 大无风无阳光条件下仍能正常道路照明的需求。

（1）风光互补 LED 路灯设计规范

① JTG/T D70—2010《公路隧道设计细则》。

② JTG/T D70/2-01—2014《公路隧道照明设计细则》。

③ JTG/T D70/2-02—2014《公路隧道通风设计细则》。

④ JTG D70/2—2014《公路隧道设计规范 第二册 交通工程与附属设施》。

⑤ CJJ 89—2012《城市道路照明工程施工及验收规程》。

⑥ GB 50007—2011《建筑地基基础设计规范》。

⑦ GB 50009—2012《建筑结构荷载规范》。

⑧ GB 50010—2010《混凝土结构设计规范（2015 年版）》。

⑨ GB 50057—2010《建筑物防雷设计规范》。

说明：

① 风光互补 LED 路灯必须设置有 3C、UL 或 VDE 认证的熔断装置，以作为电路异常时的过流保护。

② 风光互补 LED 路灯整灯的额定电压有 DC12V、24V、36V、48V，额定电压为交流 220V。

③ 导线用耐电压测试仪进行耐压检测，要求耐压≥1000V 不击穿，漏电流≤20mA。

④ 导线电阻用接地电阻测试仪，根据线径大小，调节测量电流 $5A/mm^2$，测得电阻值内阻≤$20m\Omega \cdot mm^2/m$。

⑤ 通过 TVS 防雷管进行防雷，控制器内线路板做三防漆处理，耐盐酸腐蚀、耐高湿度、抗静电等实验室性能试验，确保在恶劣环境下能正常使用。

⑥ 控制器对蓄电池的温度补偿功能，既保证蓄电池在恒压环境下工作，延长其使用寿命，又保证其不会受夏日高温环境影响而导致使用时经常欠压断电。

⑦ 太阳能电池板工作电压大于 4V 时，充放电控制器动作，蓄电池放电结束。

⑧ 用剥线钳将组件线、光源线、蓄电池线和控制器上各电源线均剥去 30mm±2mm 塑铜线皮。

⑨ 系统工作电压为 24V，太阳能电池组件的电压为 17V 或 18V，对太阳能电池组件进行串联，串联的方法是第一块组件的正极（或负极）和第二块组件的负极（或正极）连接。

⑩ 系统工作电压为 24V，太阳能电池组件的电压为 34V，就应将太阳能电池组件进行并联，并联的方法是第一块组件的正负极和第二块组件的正负极对应连接。

⑪ 在太阳电池组件安装前和测试后，将太阳能电池组件正极用绝缘胶布将外露的线芯包好，绝缘胶布包两层。

(2) 风光互补 LED 路灯安装流程

风光互补 LED 路灯安装流程图如图 7-6 所示。

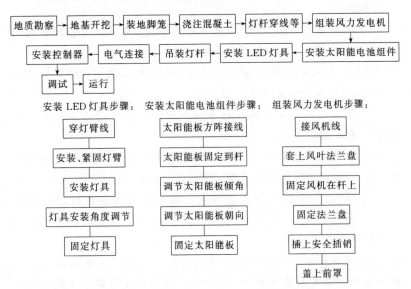

图 7-6　风光互补 LED 路灯安装流程图

说明：

① 太阳能电池组件主要参数有最大功率（P_{max}）、工作电压（u）、开路电压（u_{oc}）、短路电流（I_{sc}）、工作电流（I_{mp}）等。

② 太阳能板周围不能有高大的树木或挡住太阳能板对太阳光吸收的建筑物。

③ 太阳能板支架与灯杆如发现有脱漆现象，请及时进行防锈处理。

④ 检查所有螺钉紧固件和连接螺钉，每12个月加黄油进行防锈处理。

⑤ LED路灯、灯臂、上灯杆组件、太阳电池组件等各螺栓连接处连接牢固，无松动。

⑥ 在太阳能光伏组件户外拆箱时，禁止在下雨、狂风的条件下作业。

⑦ 在运输过程中，应保证运输车辆或者船只速度均匀，路况不良时，应及时减速慢行，避免包装的成品受到激烈的振动和颠簸，以免造成组件破损。

(3) 风光互补 LED 路灯的安装

风光互补 LED 路灯系统工程示意图及支架图如图 7-7 所示。风光互补 LED 路灯系统由太阳能电池板组件、风力发电机、蓄电池、LED 路灯头、控制器（风光互补控制器）、电池地埋箱、灯杆七部分组成。

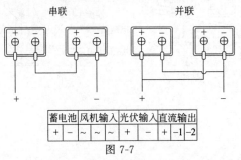

图 7-7

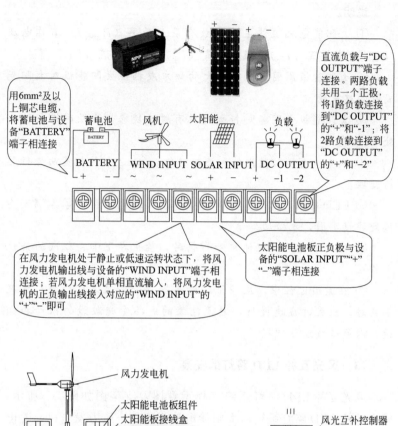

用6mm²及以上铜芯电缆，将蓄电池与设备"BATTERY"端子相连接

直流负载与"DC OUTPUT"端子连接。两路负载共用一个正极，将1路负载连接到"DC OUTPUT"的"+"和"-1"；将2路负载连接到"DC OUTPUT"的"+"和"-2"

蓄电池　风机　太阳能　负载

BATTERY　WIND INPUT　SOLAR INPUT　DC OUTPUT

+　−　　~　　~　　+　　+　−1　−2

在风力发电机处于静止或低速运转状态下，将风力发电机输出线与设备的"WIND INPUT"端子相连接；若风力发电机单相直流输入，将风力发电机的正负输出线接入对应的"WIND INPUT"的"+"、"−"即可

太阳能电池板正负极与设备的"SOLAR INPUT""+""−"端子相连接

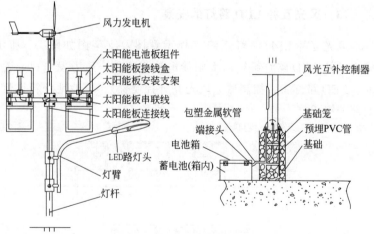

风力发电机

太阳能电池板组件
太阳能板接线盒
太阳能板安装支架
太阳能板串联线
太阳能板连接线

LED路灯头

灯臂

灯杆

风光互补控制器

包塑金属软管

端接头

电池箱

蓄电池(箱内)

基础笼
预埋PVC管
基础

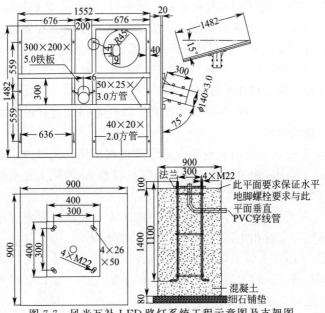

图 7-7　风光互补 LED 路灯系统工程示意图及支架图

说明：

① 太阳能板及支架安装到太阳能板悬臂件上，调整太阳能板的最佳倾角后固定。太阳能板按照系统要求进行串并联连接组成太阳能方阵，注意区分正负极。风力发电机的三根线拧在一起将风机短路，太阳能板线必须开路，保护系统。

② 禁止使用金属工具（如刀片、刀、钢丝棉）或其他研磨材料清洗。清洗时间最好为早晨、傍晚。避免使用高压水枪在组件上进行清洁作业。

③ 禁止安装人员站或踩踏在组件上，组件边框上也是不允许踩踏的，否则会导致组件变形，内部电池片隐裂，从而降低组件发电性能和使用寿命。

(4) 风光互补 LED 路灯的安装要求

① 太阳能板的线要做好保护，防止其短路烧坏太阳能板。

② 穿线的过程中要保护好线，防止划伤线缆，造成短路。

③ 太阳能板支架及太阳能板安装：将太阳能板支架组装好固定到灯杆相应位置，然后将太阳能板固定到安装支架上。

④ 用钢丝牵引，将风力发电机、太阳能板、路灯头连接电缆，以及太阳能板串联电线穿好。

⑤ 风力发电机的电缆需要短路，以免在吊装灯杆的时候风机转动，造成损坏。

⑥ 先按风力发电机组装说明将其组成整体；把风力发电机连接电缆与风力发电机连接好（注意正负极性）；将风力发电机固定在灯杆的顶部。

⑦ 将两接线盒固定到太阳能板支架上，按接线原理图将太阳能板串联线及输出电缆接好，并盖上接线盒盖。

⑧ 将路灯头引入电缆接好，接线注意正负极性；然后将灯头固定到灯臂上，灯臂伸入灯内长度不得低于 105mm，最好是抵到灯内"止位"。

⑨ 用吊车将路灯杆竖起来，并与基础对接，调整方位后，用地脚螺栓将灯杆固定，吊装时绳索最好系在灯杆与灯臂连接处，以免损伤太阳能板和风力发电机。

⑩ 将风光互补控制器固定到电器门内，并按接线原理图将风光互补控制器、路灯头、太阳能板的连接线接好。

⑪ 按当地环境将电池箱固定在离灯杆尽量近的地方，放置水平且最好垫高 50~100mm；将端接头固定到电池箱上；再将包塑金属软管与端接头相接，金属软管的另一端穿入基础的 PVC 预埋管中，一直伸到灯杆内。

⑫ 接线的顺序是灯具、太阳能板、风机、蓄电池。

⑬ 建议组件安装的时候安装夹角不小于 10°，以便在下雨的时候组件上的灰尘被雨水带走。

⑭ 在冬天有较大积雪的地区，选择较高的安装支架。安装这样的支架可以使其组件最低点不会被积雪长时间覆盖。

⑮ 禁止在组件的玻璃和边框上打洞，否则组件质保将失效。

⑯ 组件安装支架必须由耐用、耐腐蚀、防紫外线的材料构成。

⑰ 组件安装在工作环境温度为−20～46℃的环境下。

⑱ 组件安装在有频繁雷电活动的地方时，必须要对组件进行防雷击保护。

⑲ 请勿将控制器、逆变器及蓄电池放置在潮湿、雨淋、振动、腐蚀及强烈电磁干扰的环境中，也不能放置在阳光直射、靠近暖炉等热源的地方。

⑳ 使用原配电缆，以免引起漏电或火灾。

㉑ 钢材、钢筋、水泥、砂石料的材质应满足国家标准。

(5) 蓄电池防水箱

蓄电池防水箱主要用于太阳能路灯系统中作保护蓄电池之用。地埋箱主要采用改性 PP（即改性聚丙烯）作为原料，对蓄电池产品可以起到很好的保护作用。使用新型材料的蓄电池地埋箱的正常使用寿命在 15 年以上，免去了后期维护的烦恼。蓄电池防水箱产品规格如表 7-2 所示。蓄电池地埋箱外形如图 7-8 所示。

图 7-8　蓄电池地埋箱外形

表 7-2　蓄电池防水箱产品规格

序号	型号	尺寸/mm	装箱数量	包装尺寸/mm	质量/kg
1	12V 38A·h	212×181×182（内部尺寸） 290×230×195（外部尺寸）	10	600×300×400	13
2	12V 80A·h	350×182×260（内部尺寸） 435×230×270（外部尺寸）	10	475×450×490	20
3	12V 120A·h	415×195×260（内部尺寸） 475×255×300（外部尺寸）	7	535×285×615	19.5

序号	型号	尺寸/mm	装箱数量	包装尺寸/mm	质量/kg
4	12V 200A·h	550×250×270(内部尺寸) 610×310×295(外部尺寸)	6	630×325×580	21
5	24V 80A·h	368×350×250(内部尺寸) 432×412×270(外部尺寸)	5	435×415×540	16
6	24V 120A·h	420×370×250(内部尺寸) 480×430×275(外部尺寸)	5	485×455×515	17.5
7	24V 150A·h	490×390×270(内部尺寸) 550×450×300(外部尺寸)	5	560×460×480	19
8	24V 200A·h	550×550×275(内部尺寸) 620×620×300(外部尺寸)	4	620×620×435	26

说明：

① 放置蓄电池的装置基座或地埋蓄电池箱应符合 GB/T 19115.1—2003 中的规定。

② 地埋箱通过地下密封处理，解决了蓄电池防水问题。

③ 地埋箱通过穿线管延伸到灯杆底部穿线的同时，解决了蓄电池透气的问题。

④ 地埋箱通过独有的栅栏式加强筋设计，有效地解决了蓄电池在内部环境下的散热保温问题。

⑤ 采用优质材料一次性注压而成，且具有抗振、防腐蚀、耐酸碱等特点；另外特殊的栅栏式加强筋设计，保证了蓄电池地埋箱的承压强度。

⑥ 地埋箱埋在地下，并与灯的基础相连，对蓄电池起到了防盗的作用。

① 电气安装步骤

a. 根据接线图进行电池板串并联接线，确保正负极连接正确，检验电源线上电压输出是否正常，如不正常则检查接线是否有误。

b. LED 路灯灯头、灯罩组装、穿线、接线，确保正负极连接正确。

c. 验证 LED 路灯灯头及其线路是否有问题，如果有问题应及时查出原因并解决问题。

d. 蓄电池安装，连线做好端子，穿线，串并联接线，确保正负极连接正确。

e. 风光互补控制器接线，先接蓄电池后接电池板再接负载，最后接风力发电机，确保正负极连接正确。

f. 系统调试，时控时间按设计时间调整。

② 太阳能板接线

a. 检查太阳能电池组件背后铭牌，核对规格、型号、数量。

b. 检查太阳能电池组件表面是否有破损、划伤。

c. 接线前要详细检查正负极标识，确保正负极连接正确，建议再用万用表验证一下，以防标识错误等现象。

d. 按接线图进行串并联接线，不能私自改动连接方式，电线一般采用双芯护套铜软线，一般为红黑两种颜色，红色作为正极，黑色作为负极，线芯为其他两种颜色的，深色的作为负极，另外一个作为正极。

e. 接线后，将太阳能板朝向太阳，用万用表检测电源线输出端，判断其正负极接线是否正确，开路电压是否在合理范围内。系统电压为12V的，开路电压值应在18～23V范围内；系统电压为24V的，开路电压值应在35～45V范围内。

f. 开路电压在合理范围内则进行下一步，不在则检测每一块电池组件输出是否正常，线路连接是否正确，直到正确为止。

说明：太阳能电池组件在安装过程中要轻拿轻放，避免工具等器具对其造成损坏。不要同时触摸太阳能电池组件和蓄电池的"＋""－"极，以防触电危险。注意正负极，严禁接反，接线端子压接牢固，无松动，严禁使电池组件短路。

③ LED路灯接线

a. 核对LED路灯光源规格、型号、数量是否符合设计要求。

b. 按接线图进行接线，不能私自改动连接方式，电线一般采用双芯护套铜软线，一般为红黑两种颜色，红色作为正极，黑色作为负极；线芯为其他两种颜色的，深色的作为负极，另外一个作为正极。

c. 接线后，检测光源是否完好，线路是否有问题。将光源引出线与蓄电池两端电极相接，点亮则代表线路正常，不亮则回路中有故障。

d. 灯具安装好吊装以前，要用蓄电池再进行一次测试，看灯具是否能够点亮。

④ 蓄电池接线

a. 检查蓄电池标识，核对规格、型号、数量是否符合设计要求。

b. 检查蓄电池表面是否有破损、划伤、漏液等情况。

c. 接线前认准正负极标识，标有红色的为正，标有黑色的为负，确保正负极连接正确。

d. 按接线图进行串并联接线，不能私自改动连接方式，电线一般采用双芯护套铜软线，一般为红黑两种颜色，红色作为正极，黑色作为负极，线芯为其他两种颜色的，深色的作为负极，另外一个作为正极。

e. 接线后，电源线输出端要用绝缘胶布缠好。

⑤ 吊装

a. 灯杆起吊之前，先检查各部位紧固件是否牢固，灯头安装是否端正，太阳能板朝向是否正确。

b. 避免吊车钢丝绳划损太阳电池组件。

c. 用软质吊带选择合适的吊点位置，并系好解索绳，待吊装完成后解脱吊带。

d. 起吊安装后，锁紧法兰部位的螺杆螺钉。打开灯杆上的电器控制箱门，将控制器悬挂在灯杆内壁上。

e. 法兰盘上长孔对准地脚螺栓，法兰盘落在地基上后，依次套上螺母，用水平尺调节灯杆的垂直度。

f. 灯杆与地面如有不垂直，可以在灯杆法兰盘下垫上垫片使其与地面垂直，调直之后，用扳手把螺母均匀拧紧。

⑥ 风光互补控制器接线

a. 检查风光互补控制器标识，核对规格、型号、数量是否符合设计要求。

b. 确保风光互补控制器功能符合要求，风光互补控制器规格与蓄电池、太阳能电池组件、风机以及负载的电压、电流相匹配。

c. 检查风光互补控制器表面是否有破损、划伤。

d. 接线前要认准风光互补控制器上的太阳电池组件、风力发电机、蓄电池、负载（LED 路灯）的标识符号、接线位置和正负极符号。

e. 灯杆吊装完成后进行风光互补控制器的接线，严格按照风光互补控制器的接线要求进行接线，其接线顺序为先接蓄电池，再接太阳能电池板与风机，最后接负载；拆线时顺序相反。蓄电池、太阳能电池板接线时注意正、负极不得接反，不得短路。

f. 按接线图进行串并联接线，不能私自改动连接方式。电线一般采用双芯护套铜软线，一般为红黑两种颜色，红色作为正极，黑色作为负极。线芯为其他两种颜色的，深色的作为负极，另外一个作为正极。

g. 在有光照的情况下（且太阳能电池输出电压大于蓄电池端电压），风光互补控制器的光电指示灯应该工作（常亮或闪烁），用钳表直流挡测量应有电流输出，输出电流大小取决于光照强度与蓄电池容量。

h. 接线通电后，按控制器说明书中指示，看控制器上的显示（LED 或 LCD）是否正常，如有故障信息，按说明书提示排除故障。

⑦ 风力发电机安装

a. 风力发电机的输出在连接到控制器前须采取措施进行短接。

b. 风力发电机与支架连接时要牢固可靠，风力发电机的输出线应避免裸露，并用扎带扎牢。

c. 风力发电机安装可以参照《风力发电机用户手册》。

d. 在有风的情况下风机运转应正常，达到或超过切入风速时风光互补控制器风机充电指示灯应该工作（常亮或闪烁），用钳表交流挡测量风机输出端应有电流输出，输出电流大小取决于风速与蓄电池容量。

e. 连接线建议按照不大于 $5A/mm^2$ 的电流密度进行选取。

7.3 风光互补 LED 路灯调试

（1）风光互补 LED 路灯的安装注意事项

① 灯杆起吊之前，先检查各部位紧固件是否牢固，LED 灯具灯头安装是否端正，光源工作是否正常。

② 简易调试系统工作是否正常；松开控制器上太阳能板连接线，LED 灯具光源工作；接上太阳能板连接线，灯熄。

③ 合理调整太阳能电池板组件安装倾角。

④ 太阳能电池组件的输出正负极在连接到控制器前须采取措施避免短接，注意正负极不要接反；太阳能电池板组件的输出线应避免裸露导体。

⑤ 太阳能电池组件与支架连接时要牢固可靠，各紧固件要拧紧。

⑥ 蓄电池放入电池箱内时须轻拿轻放，防止砸坏电池箱。

⑦ 蓄电池的电池箱的出线孔要做好防水处理，以免雨水渗入造成电池短路。

说明：蓄电池坑分为直接土埋和砖砌电池坑两种，土埋蓄电池坑是蓄电池安装完毕后，直接用黄土或细沙土进行填埋，注意初步填埋土质不要含有石子或石头等杂物，保证一段时间后土质下沉不会将线缆压坏。砖砌电池坑上面由水泥盖板覆盖，使蓄电池在一个良好的环境内存放。规格要求：大小能安装足够的蓄电池及电池箱，高度要求与蓄电池箱顶部平齐，防止蓄电池坑因进水而使蓄电池箱根据水位上浮，使蓄电池长期泡在积水中，如果蓄电池坑高度过高，应用砖或其他坚硬物平压在蓄电池箱上部，使蓄电池箱与盖板顶实，以至于电池箱不会因为水位上升而上浮，这样蓄电池内的气压会使蓄电池箱内部水位保持在一定高度后不再上升。盖板要求内部有一定钢筋，能够承受住大量的黄土覆盖，要有把手以便日后蓄电池维修。

（2）风光互补 LED 路灯调试

① 要求太阳能组件朝阳角度有所偏差，需要调整其朝阳方向完全朝正南。

② 将蓄电池放进电池箱，按照技术要求将蓄电池连接线连接到风光互补控制器。

③ 太阳能板正负两极性不能碰撞，不能接反；否则太阳能板将被损坏。

④ 调试系统工作是否正常；松开控制器上太阳能板连接线，风光互补 LED 路灯亮。

⑤ 接上太阳能板连接线，风光互补 LED 路灯熄灭。

⑥ 接上风力发电机连接线，同时仔细观察控制器上各指示灯的变化；一切正常，方可封好控制箱。

说明：在北半球安装，组件最好朝南；在南半球安装，组件最好朝北。详细的安装角度请依据标准组件安装指南或者有经验的光伏组件安装商给出的建议来确定。

7.4 风光互补 LED 路灯安装工程验收标准

（1）风光互补 LED 路灯安装工程验收标准要求

① LED 路灯灯杆基础尺寸、标高与混凝土强度等级应符合设计要求。

② 风光互补 LED 路灯灯杆、LED 路灯、风力发电机、太阳能电池组件、风光互补控制器、蓄电池的型号与规格应符合设计要求

及标书要求。

③ LED 路灯灯杆杆位安装合理，灯杆、灯臂的热镀锌和油漆层不应有损坏。风光互补控制器的设置符合设计要求。

④ 太阳能电池组件方位角和倾角安装符合设计要求，没有明显遮挡，灯杆应与地面垂直。

⑤ 灯臂安装应与道路中心线垂直，固定牢靠。在灯杆上安装时，灯臂安装高度应符合设计要求。

⑥ LED 路灯投射角度应调整适当，平均亮度、平均照度达到设计要求。

⑦ LED 路灯灯杆、风力发电机、太阳能电池组件边框、支架等均应接地保护，接地线端子固定牢固。

（2）风光互补 LED 路灯安装工程验收资料和文件

① 工程竣工资料。

② 设计或变更文件。

③ 灯杆、灯具、太阳能电池组件、风力发电机、风光互补控制器、蓄电池等要提供产品说明书、试验记录、合格证及安装图纸等技术文件。

④ 风力发电机、蓄电池、控制器按相关国家标准规定的方法进行测试，并有第三方认证的证书。

⑤ 对风力发电机、太阳能电池组件、蓄电池容量进行抽检，抽检由有检测资质的机构进行。

风光互补 LED 路灯安装工程验收表如表 7-3 所示。

表 7-3 风光互补 LED 路灯安装工程验收表

序号	名称	型号	参数	尺寸	数量	备注
1	灯杆					
2	地脚笼					
3	太阳板支架					
4	风力发电机					
5	太阳板					
6	LED 路灯					

序号	名称	型号	参数	尺寸	数量	备注
7	风光互补控制器					
8	蓄电池					
9	蓄电池箱					
10	电缆					
12	附件					

（3）风光互补 LED 路灯安装工程验收测试

① 工程竣工前应有试验记录，记录风光互补 LED 路灯每天照明的时段。

② 验收检查试验应执行 GB 7000.1、GB/T 9535、YD/T 799、GB 19510.1 中规定的试验方法。

③ 用电压表测量蓄电池、太阳能电池组件、风力发电机的电压。

④ 用目测法对各连接件进行检查。

⑤ 用接地电阻测试仪进行测量接地电阻大小。

⑥ 用照度仪测量风光互补 LED 路灯的照度。

风光互补 LED 路灯安装工程验收测试表如表 7-4 所示。

表 7-4　风光互补 LED 路灯安装工程验收测试表

序号	测试项目	测试条件或方法	测试参数	测试结果	备注
1	太阳能组件	测试组件电压、电流是否正常	电压、电流		
2	风机	①测试风机电压、电流是否正常 ②风机运行时结合风力大小测输出电压是否正常	电压、电流		
3	控制器	①相关连接是否正确 ②灯线与灯具的引线有正负之分，要辨别连接 ③相关充电指示灯是否工作			
4	蓄电池	①蓄电池电压应不小于 12V ②蓄电池串/联是否正确 ③安装之后结合当时天气情况测充电时有无电流,电流是否正常	电流		

序号	测试项目	测试条件或方法	测试参数	测试结果	备注
5	蓄电池、负载、风机、太阳板的接线	① 风机、蓄电池导线横截面积 ≥4mm^2 ②太阳板导线横截面积≥2.5mm^2 ③负载导线横截面积≥1mm^2 ④最好配有线耳	导线材料及横截面积		
6	接地电阻	利用接地电阻测试仪测量接地电阻大小	电阻		
7	照度	利用照度仪测量风光互补 LED 路灯的照度	照度		
8	工作时间设定	①负载由光控开启工作到设定时间后时控关闭 ②观察到设定时间后负载是否正常开启,按照风光互补控制器说明书调节负载工作时间			

CHAPTER **8**

第8章 >>>

风光互补 LED 照明的应用

>8.1 风光互补 LED 道路照明

(1) 风光互补 LED 路灯说明

风光互补 LED 道路照明是新能源领域，不仅能使城市照明减少对常规电的依赖，也为农村照明提供了新的解决方案。近年来，我国风光互补 LED 路灯项目纷纷启动，促进了风光互补路灯行业快速发展。风光互补 LED 路灯由成套灯杆、电缆及附件组成，给一套或多套路灯供电。

风光互补 LED 路灯风力发电机的选型可根据不同的气候环境配置，有限的条件内达到风能利用最大化。太阳能电池板采用单晶硅太阳能电池板，发电效能大大提升，在当地风资源不足的情况下，保证 LED 路灯正常亮灯。风光互补路灯控制器是主要部件，起着对其他部件发号指令与协同工作的主要作用，性能稳定可靠。采用高性能大容量免维护胶体电池，为风光互补 LED 路灯提供充足电能，保证了阴雨天时，风光互补 LED 路灯光源的亮灯时间。

>>> 第 8 章　风光互补 LED 照明的应用　**179**

离网型风光互补 LED 路灯适合新建或将要安装没有公共电网线的道路,安装离网型风光互补 LED 路灯可以节省公共电网线和变电设施的投资费用,直接替换传统路灯照明,方便施工、安装。

风光互补 LED 路灯系统采用蓄电池,具有浮充电压低、浮充电流小的特点,大大减小了蓄电池长期欠充的可能性,提高了蓄电池寿命及充电效率,同时也提高了系统可靠性。

风光互补路灯控制器具有完善保护功能,如太阳能电池与蓄电池反接保护、蓄电池电压过低断开保护、输入输出过、欠压保护、输入输出过流保护、风机失速刹车保护等保护功能。

风光互补 LED 路灯系统用于道路照明、景观照明、交通监控、城市景观、科普教育、微波通信、军营哨所、海岛高山、戈壁草原、森林防火、防空警报、偏远农村等场合。

说明: QB/T 4146—2010《风光互补供电的 LED 道路和街路照明装置》。

(2) 风光互补 LED 路灯示意图

风光互补 LED 路灯主要由风力发电机、太阳能电池板、控制器、LED 路灯、蓄电池组、电缆及支撑和辅助件组成,主要以二车道、四车道的形式,应用在道路照明、厂区照明、服务区照明等场合。风光互补 LED 路灯示意图如图 8-1 所示。

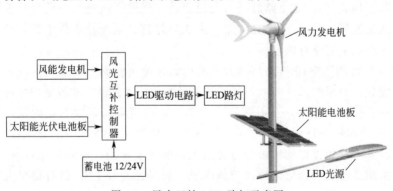

图 8-1　风光互补 LED 路灯示意图

(3) 风光互补 LED 路灯的系统配置

① 太阳能板选型　风光互补 LED 路灯系统（60W）需要提供的电量为：

60W×12h÷0.9(控制器效率)÷0.85(电池效率)÷0.90

（直流驱动变换器效率)÷(1−0.05)(线损)＝1101W·h

1101W·h÷(5.2h×0.6)(安装地区的日平均日照时间)＝352.88W

根据经验选用 300W 的太阳能板。

② 蓄电池选型　假设连续 3 天阴雨无风，蓄电池需要提供的电量为：

(60W×12h×4)÷0.85(放电效率)÷(1−0.02)

（线损)÷0.95(控制器效率)＝3639W·h

蓄电池的最低安时数为 3639W·h÷24V＝152A·h。

选用 2 个 12V/120A·h 的蓄电池可满足要求。在连续三天阴雨情况下，也能使负载正常运行。

蓄电池的容量（C）应足够维持灯具连续数天阴天时每天工作时间的需要。其公式为：

$$C \geqslant 1.3 n T I_z$$

式中　n——产品能维持工作的连续阴雨天数，天；

　　　I_z——LED 灯具消耗总电流，A；

　　　T——产品每天工作的时间，h。

风力发电机、太阳能板、灯杆及灯具必须根据现场勘测实际情况，选择合适的类型及制定合适方案。风光互补 LED 道路照明控制方式有光控、时控或光控加时控等，也可以增加智能感应、智能调光控制系统。可以达到天黑时（约 18：30）路灯自动点亮，全功率照明；到凌晨（约 00：00）自动切换为半功率或 30%亮度照明，天亮时（约 5：30）自动熄灭。每晚照明 11h，这样可以节约能源及配置成本。

③ 风力发电机选型　风力发电机的输出功率与当地的气象条

件、安装位置、周边环境关系密切，风力资源充足、位置风力强劲或周围环境比较空旷的环境条件下，则发电机输出功率大，反之则输出功率较小。

根据功率曲线，以 2.8m/s 的年平均风速，则平均每月的发电量为 21.6kW·h，平均每天的供电量为 720W·h。根据经验选择 400W 风力发电机即可满足要求，不足部分由太阳能电池补足。

平均每天风光互补 LED 路灯能提供的电量为 400W×5.2h×0.6+720W·h＝1968W·h。而负载与损耗之和，每天的耗电量在 1468W·h 左右，应此本系统每天能够给负载提供足够的电量，而且能使蓄电池大部分时间内保持在充满或接近充满状态。

风光互补 LED 路灯要根据不同的气候环境，配置不同型号或功率的风力发电机，在有限的条件内，将风能利用达到最大化。

④ 风光互补 LED 路灯控制器选型　风光互补 LED 路灯控制器是离网发电系统中最核心的部件，其性能影响到整个系统的寿命和运行稳定性，特别是蓄电池的使用寿命。控制器除了保护蓄电池之外还起到保护风机的作用，在风速过高时确保不至于出现风机飞车的现象。选择风光互补 LED 路灯控制器时，要根据蓄电池工作电压、太阳能板的功率及风机功率选择合适的风光互补 LED 路灯控制器。

说明： 风光互补 LED 路灯控制器工作电压有 DC12V、24V、48V、220V、240V 等，控制风机功率为 0.3～20kW。

30W 风光互补 LED 路灯的系统配置如表 8-1 所示。

表 8-1　30W 风光互补 LED 路灯的系统配置

序号	名称	型号	数量	单位	备注
1	风力发电机	400W AC12V	1	台	
2	太阳能电池板	150W DC 18V	1	块	单晶硅，高转换效率（>17.5%）
3	风光互补控制器	WWS04-12(DC 12V)	1	台	蓄电池过充、防反接保护；太阳能电池防反充、防反接保护；风机过转速、过风速、过电压、过电流保护；手动刹车、自动刹车保护等

序号	名称	型号	数量	单位	备注
4	蓄电池	DC12V 250A·h	1	只	德国技术 NPP,长寿命胶体阀控式
5	风光互补灯杆	8m,4mm 厚	1	支	带控制柜、光伏电池支架、灯臂,具备抗十六级台风能力
6	LED 灯头	DC 12V 30W	1	只	
7	电缆	二芯 2.5mm² 电缆 10m(RVV-3×2.5mm²)	1	条	接 LED 灯用
8	电缆	二芯 4mm² 电缆 14m(RVV-2×4mm²)	1	条	接光伏电池板
9	电缆	三芯 2.5mm² 电缆 14m(RVV-3×2.5mm²)	1	条	接风力发电机
10	电缆	一芯 6mm² 电缆 9m(RVV-2×6mm²)	1	条	接电池
11	附件	接线耳、绝缘套等		若干	

60W 风光互补 LED 路灯的系统配置如表 8-2 所示。

表 8-2　60W 风光互补 LED 路灯的系统配置

系统配置方案(一)

序号	名称	型号	数量	单位	备注
1	风力发电机	400W AC24V	1	台	
2	太阳能电池板	200W DC 36V	2	块	单晶硅,高转换效率(>17.5%)
3	风光互补控制器	WWS04 24 N00 D(DC 24V)	1	台	蓄电池过充、防反接保护;太阳能电池防反充、防反接保护;风机过转速、过风速、过电压、过电流保护;手动刹车、自动刹车保护等
4	蓄电池	DC12V 120A·h	2	只	德国技术 NPP,长寿命胶体阀控式

序号	名称	型号	数量	单位	备注
5	风光互补灯杆	8m,4mm 厚	1	支	带控制柜、光伏电池支架、灯臂,具备抗十六级台风能力
6	LED 灯头	DC 24V 60 W	1	只	
7	电缆	二芯 2.5mm^2 电缆 10m(RVV-3×2.5mm^2)	1	条	接 LED 灯用
8	电缆	二芯 4mm^2 电缆 14m(RVV-2×4mm^2)	1	条	接光伏电池板
9	电缆	三芯 2.5mm^2 电缆 14m(RVV-3×2.5mm^2)	1	条	接风力发电机
10	电缆	一芯 6mm^2 电缆 9m(RVV-2×6mm^2)	1	条	接电池
11	附件	接线耳、绝缘套等		若干	

系统配置方案(二)

序号	名称	型号	数量	单位	备注
1	风力发电机	400W AC24V	1	台	
2	太阳能电池板	100W DC 18V	2	块	单晶硅,高转换效率(>17.5%)
3	风光互补控制器	WWS04-24-N00D(DC 24V)	1	台	蓄电池过充、防反接保护;太阳能电池防反充、防反接保护;风机过转速、过风速、过电压、过电流保护;手动刹车、自动刹车保护等
4	蓄电池	DC12V 150A·h	2	只	德国技术 NPP,长寿命胶体阀控式
5	风光互补灯杆	8m,4mm 厚	1	支	带控制柜、光伏电池支架、灯臂,具备抗十六级台风能力
6	LED 灯头	DC 24V 60 W	1	只	

序号	名称	型号	数量	单位	备注
7	电缆	二芯 2.5mm^2 电缆 10m（RVV-3×2.5mm^2）	1	条	接 LED 灯用
8	电缆	二芯 4mm^2 电缆 14m（RVV-2×4mm^2）	1	条	接光伏电池板
9	电缆	三芯 2.5mm^2 电缆 14m（RVV-3×2.5mm^2）	1	条	接风力发电机
10	电缆	一芯 6mm^2 电缆 9m（RVV-2×6mm^2）	1	条	接电池
11	附件	接线耳、绝缘套等		若干	

80W 风光互补 LED 路灯的系统配置，如表 8-3 所示。

表 8-3　80W 风光互补 LED 路灯的系统配置

序号	名称	型号	数量	单位	备注
1	风力发电机	400W AC24V	1	台	
2	太阳能电池板	100W DC 18V	2	块	单晶硅，高转换效率（>17.5%）
3	风光互补控制器	WWS04-24（DC 24V）	1	台	蓄电池过充、防反接保护；太阳能电池防反充、防反接保护；风机过转速、过风速、过电压、过电流保护；手动刹车、自动刹车保护等
4	蓄电池	DC12V 150A·h	2	只	德国技术 NPP，长寿命胶体阀控式
5	风光互补灯杆	8m，4mm 厚	1	支	带控制柜、光伏电池支架、灯臂，具备抗十六级台风能力
6	LED 灯头	DC 12V 80W	1	只	半功率
7	电缆	二芯 2.5mm^2 电缆 10m（RVV-3×2.5mm^2）	1	条	接 LED 灯用

序号	名称	型号	数量	单位	备注
8	电缆	二芯 4mm^2 电缆 14m（RVV-2×4mm^2）	1	条	接光伏电池板
9	电缆	三芯 2.5mm^2 电缆 14m（RVV-3×2.5mm^2）	1	条	接风力发电机
10	电缆	一芯 6mm^2 电缆 9m（RVV-2×6mm^2）	1	条	接电池
11	附件	接线耳、绝缘套等	若干		

120W 风光互补 LED 路灯的系统配置如表 8-4 所示。

表 8-4　120W 风光互补 LED 路灯的系统配置

序号	名称	型号	数量	单位	备注
1	风力发电机	1500W AC24V	1	台	
2	太阳能电池板	120W DC 18V	2	块	单晶硅，高转换效率（＞17.5%）
3	风光互补控制器	WWS04-48（DC 48V）	1	台	蓄电池过充、防反接保护；太阳能电池防反充、防反接保护；风机过转速、过风速、过电压、过电流保护；手动刹车、自动刹车保护等
4	蓄电池	DC12V 200A·h	4	只	德国技术 NPP，长寿命胶体阀控式
5	风光互补灯杆	12m，4mm 厚	1	支	带控制柜、光伏电池支架、灯臂，具备抗十六级台风能力
6	LED 灯头	DC 48V 120 W	1	只	半功率
7	电缆	二芯 2.5mm^2 电缆 10m（RVV-3×2.5mm^2）	1	条	接 LED 灯用
8	电缆	二芯 4mm^2 电缆 14m（RVV-2×4mm^2）	1	条	接光伏电池板

序号	名称	型号	数量	单位	备注
9	电缆	三芯 2.5mm² 电缆 14m（RVV-3×2.5mm²）	1	条	接风力发电机
10	电缆	一芯 6mm² 电缆 9m(RVV-2×6mm²)	1	条	接电池
11	附件	接线耳、绝缘套等	若干		

50W 风光互补 LED 路灯的系统配置（一拖三）如表 8-5 所示。

表 8-5　50W 风光互补 LED 路灯的系统配置（一拖三）

序号	名称	型号	数量	单位	备注
1	风力发电机	1000W AC48V	1	台	
2	太阳能电池板	200W DC 18V	2	块	单晶硅，高转换效率（＞17.5%）
3	风光互补控制器	WWS04-48（DC 48V）	1	台	蓄电池过充、防反接保护；太阳能电池防反充、防反接保护；风机过转速、过风速、风机过电压、风机过电流保护；手动刹车、自动刹车保护等
4	蓄电池	DC12V 150A·h	4	只	德国技术 NPP，长寿命胶体阀控式
5	风光互补灯杆	10m,4mm 厚	1	支	带控制柜、光伏电池支架、灯臂，具备抗十六级台风能力
6	灯杆	6m,4mm 厚	1	支	灯臂，具备抗十六级台风能力
7	LED 灯头	DC 48V 50 W	1	只	半功率
8	电缆	二芯 2.5mm² 电缆 10m（RVV-3×2.5mm²）	1	条	接 LED 灯用
9	电缆	二芯 4mm² 电缆 14m(RVV-2×4mm²)	1	条	接光伏电池板

序号	名称	型号	数量	单位	备注
10	电缆	三芯 2.5mm² 电缆 14m（RVV-3×2.5mm²）	1	条	接风力发电机
11	电缆	一芯 6mm² 电缆 9m(RVV-2×6mm²)	1	条	接电池
12	电缆	二芯 4mm² 电缆 30m(RVV-2×4mm²)	2	条	
13	附件	接线耳、绝缘套等		若干	

8.2 风光互补 LED 景观照明

风光互补 LED 景观照明系统由太阳能电池板、风力发电机组、控制器、蓄电池组和逆变器、LED 景观照明灯具等几部分组成；光电系统和风电系统把太阳能和风能转换成电能，通过控制器对蓄电池充电，通过逆变器对 LED 景观照明灯具供电。风光互补 LED 景观照明控制示意图如图 8-2 所示。

风光互补控制器是离网发电系统中最为重要的部件，其性能影响到整个系统的寿命和运行稳定性，特别是蓄电池的使用寿命。在任何情况下，对蓄电池的过充电或过放电都会使蓄电池的使用寿命缩短。

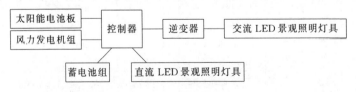

图 8-2 风光互补 LED 景观照明控制示意图

3kW 风光互补 LED 景观照明系统配置如表 8-6 所示。

表 8-6　3kW 风光互补 LED 景观照明系统配置

序号	名称	型号	数量	单位	备注
1	风力发电机	3000W AC48V	1	台	
2	太阳能电池板	100W DC 18V	10	块	单晶硅,高转换效率(>17.5%)
3	风光互补控制器	WWS04-48(DC 48V 30A)	1	台	蓄电池过充、防反接保护;太阳能电池防过充、防反接保护;风机过转速、过风速、过电压、过电流保护;手动刹车、自动刹车保护等
4	蓄电池	DC12V 150A·h	32	只	德国技术 NPP,长寿命胶体阀控式
5	正弦波逆变器	48V/3000W	1	台	

某公司生产的 SHI 系列纯正弦波逆变器是基于全数字智能化设计,将系统 12/24/48V 直流电转换成 220/230V 交流电的纯正弦波逆变器,功率有 400W 、600W 、1000W 、2000W 、3000W 。SHI 系列纯正弦波逆变器外形与接线及结构示意图如图 8-3 所示。

说明:

① 逆变器为离网型,严禁进行并网,否则会损坏逆变器。只允许单台独立工作,严禁进行多台输出并联或串联,否则会对逆变器造成损坏。

② 对于连接蓄电池和逆变器之间的导线,建议导线长度小于 3m,逆变器满载运行时导线电流密度应小于 $3.5A/mm^2$;若导线长度大于 3m,请减小电流密度。

③ 逆变器的外壳必须与大地相连接,连接保护接地端子与大地的导线截面积不小于 $4mm^2$。

④ 逆变器需连接蓄电池使用,建议所使用的蓄电池最小容量为逆变器额定输出功率除以蓄电池电压的 5 倍。

⑤ 逆变器具有宽范围的直流输入电压,但是请严格按照参数

表里的要求连接直流输入，过高或过低的直流输入电压都会影响逆变器的正常工作，甚至有可能损坏逆变器。

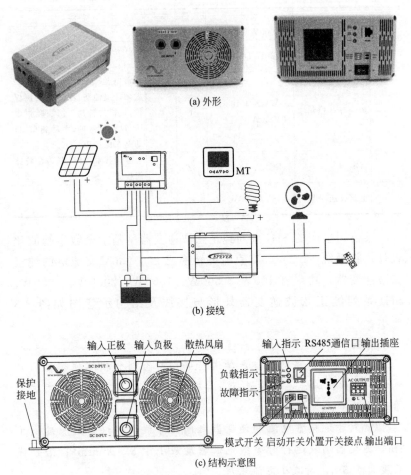

(a) 外形

(b) 接线

(c) 结构示意图

图 8-3　SHI 系列纯正弦波逆变器外形与接线及结构示意图

附　录 >>>

太阳能光伏产业标准

标准的定义：为了在一定范围内获得最佳秩序，经协商一致制定并由公认机构批准，共同使用的和重复使用的一种规范性文件。标准的制定和类型按使用范围划分有国际标准、区域标准、国家标准、专业标准（行业标准）、地方标准、企业标准。

我国标准分为国家标准［强制性国标（GB）和推荐性国标（GB/T）］、行业标准、地方标准（DB＋行政代码，DB 读作"地标"）、企业标准（QB，读作"企标"）四级。强制性国标是保障人体健康、人身、财产安全的标准和法律及行政法规规定强制执行的国家标准；推荐性国标是指生产、检验、使用等方面，通过经济手段或市场调节而自愿采用的国家标准。

国家标准是指由国家标准化主管机构批准，并在公告后需要通过正规渠道购买的文件，除国家法律法规规定强制执行的标准以外，一般有一定的推荐意义。

由我国各主管部、委（局）批准发布，在该部门范围内统一使用的标准，称为行业标准。地方标准由省、自治区、直辖市标准化行政主管部门制定，并报国务院标准化行政主管部门和国务院有关行政主管部门备案，在公布国家标准或者行业标准之后，该地方标准即应废止。企业标准是对企业范围内需要协调、统一的技术要求、管理要求和工作要求所制定的标准。企业标准由企业制定，由企业法人代表或法人代表授权的主管领导批准、发布。企业产品标准备案可以在"企业产品标准信息公共服务平台"(http://www.cpbz.gov.cn)上进行自我声明。自我声明公开后的企业标准是企业组织生产和接受产品质量合格评定的依据。

2017年1月1日后新发布的国家标准（强制性国家标准、推荐性国家标准），可以在国家标准全文公开系统(http://www.gb688.cn/bzgk/gb/index)中进行国家标准的全文阅读。

太阳能光伏产业标准见附表1

附表1 太阳能光伏产业标准

序号	标准号	标准名称	对应国际标准	标准级别	发布日期	实施日期
1	GB/T 2297—1989	太阳光伏能源系统术语	IEC/TS 61836	国家标准	1989-03-03	1990-01-01
2	SJ/T 10460—2016	太阳光伏能源系统图用图形符号		行业标准	2016-04-05	2016-09-01
3	GB/T 2296—2001	太阳电池型号命名方法		国家标准	1980-01-02	2002-05-01
4	QX/T 89—2018	太阳能资源评估方法		行业标准	2008-03-22	2018-08-01
5	GB 50704—2011	硅太阳能电池工厂设计规范		国家标准	2011-07-26	2012-06-01
6	SJ/T 11061—1996	太阳电池电性能测试设备检验方法		行业标准	1996-11-20	1997-01-01
7	GB 51206—2016	太阳能电池生产设备安装工程施工及质量验收规范		国家标准	2016 10 25	2017-07-01
8	GB/T 29054—2012	太阳能级铸造多晶硅块		国家标准	2012-12-31	2013-10-01

序号	标准号	标准名称	对应国际标准	标准级别	发布日期	实施日期
9	GB/T 29055—2012	太阳电池用多晶硅片		国家标准	2012-12-31	2013-10-01
10	GB/T 26072—2010	太阳能电池用锗单晶		国家标准	2011-01-10	2011-10-01
11	GB/T 30861—2014	太阳能电池用锗衬底片		国家标准	2014-07-24	2015-04-01
12	GB/T 25075—2010	太阳能电池用砷化镓单晶		国家标准	2010-09-02	2011-04-01
13	GB/T 29849—2013	光伏电池用硅材料表面金属杂质含量的电感耦合等离子体质谱测量方法		国家标准	2013-11-12	2014-04-15
14	GB/T 29850—2013	光伏电池用硅材料补偿度测量方法		国家标准	2013-11-12	2014-04-15
15	GB/T 31854—2015	光伏电池用硅材料中金属杂质含量的电感耦合等离子体质谱测量方法		国家标准	2015-07-03	2016-03-01
16	GB/T 29851—2013	光伏电池用硅材料中 B、Al 受主杂质含量的二次离子质谱测量方法		国家标准	2013-11-12	2014-04-15
17	GB/T 29852—2013	光伏电池用硅材料中 P、As、Sb 施主杂质含量的二次离子质谱测量方法		国家标准	2013-11-12	2014-04-15
18	GB/T 32281—2015	太阳能级硅片和硅料中氧、碳、硼和磷量的测定二次离子质谱法		国家标准	2015-12-10	2017-01-01

序号	标准号	标准名称	对应国际标准	标准级别	发布日期	实施日期
19	GB/T 32651—2016	采用高质量分辨率辉光放电质谱法测量太阳能级硅中痕量元素的测试方法		国家标准	2016-04-25	2016-11-01
20	SJ/T 11627—2016	太阳能电池用硅片电阻率在线测试方法		行业标准	2016-04-05	2016-09-01
21	GB/T 30869—2014	太阳能电池用硅片厚度及厚度变化测试方法		国家标准	2014-07-24	2015-02-01
22	SJ/T 11630—2016	太阳能电池用硅片几何尺寸测试方法		行业标准	2016-04-05	2016-09-01
23	SJ/T 11628—2016	太阳能电池用硅片尺寸及电学表征在线测试方法		行业标准	2016-04-05	2016-09-01
24	GB/T 30859—2014	太阳能电池级硅片翘曲度和波纹测试方法		国家标准	2014-07-24	2015-04-01
25	SJ/T 11631—2016	太阳能电池用硅片外观缺陷测试方法		行业标准	2016-04-05	2016-09-01
26	SJ/T 11632—2016	太阳能电池用硅片微裂纹缺陷的测试方法		行业标准	2016-04-05	2016-09-01
27	GB/T 30860—2014	太阳能电池用硅片粗糙度及切割线痕测试方法		国家标准	2014-07-24	2015-04-01
28	SJ/T 11629—2016	太阳能电池用硅片和电池片的在线光致发光分析		行业标准	2016-04-05	2016-09-01
29	SJ/T 11513—2015	光伏电池用铝浆		行业标准	2015-04-30	2015-10-01

序号	标准号	标准名称	对应国际标准	标准级别	发布日期	实施日期
30	GB/T 31985—2015	光伏涂锡焊带		国家标准	2015-09-11	2016-05-01
31	SJ/T 11550—2015	晶体硅光伏组件用热浸镀型焊带		行业标准	2015-10-10	2016-04-01
32	SJ/T 11549—2015	晶体硅光伏组件用免清洗型助焊剂		行业标准	2015-10-10	2016-04-01
33	GB/T 30984.1—2015	太阳能玻璃 第1部分:超白压花玻璃		国家标准	2015-09-11	2016-08-01
34	SJ/T 11571—2016	光伏组件用超薄玻璃		行业标准	2016-01-15	2016-06-01
35	GB/T 29595—2013	地面用光伏组件密封材料 硅橡胶密封剂		国家标准	2013-07-19	2013-12-01
36	GB/T 32649—2016	光伏用高纯石英砂		国家标准	2016-04-25	2016-11-01
37	GB/T 32650—2016	电感耦合等离子质谱法检测石英砂中痕量元素		国家标准	2016-04-25	2016-11-01
38	GB/T 32652—2016	多晶硅铸锭石英坩埚用熔融石英料		国家标准	2016-04-25	2016-11-01
39	GB/T 6497—1986	地面用太阳电池标定的一般规定		国家标准	1986-06-18	1987-06-01
40	GB/T 11010—1989	光谱标准太阳电池		国家标准	1989-03-31	1990-01-01
41	GB/T 29195—2012	地面用晶体硅太阳电池总规范		国家标准	2012-12-31	2013-06-01
42	GB/T 19394—2003	光伏(PV)组件紫外试验	IEC61345	国家标准	2003-11-19	2004 06 01
43	GB/T 20321.1—2006	离网型风能、太阳能发电系统用逆变器 第1部分:技术条件		国家标准	2006-07-20	2007-01-01

续表

序号	标准号	标准名称	对应国际标准	标准级别	发布日期	实施日期
44	GB/T 20321.2—2006	离网型风能、太阳能发电系统用逆变器 第2部分：试验方法		国家标准	2006-07-20	2007-01-01
45	GB/T 31366—2015	光伏发电站监控系统技术要求		国家标准	2015-02-04	2015-09-01
46	GB/T 32512—2016	光伏发电站防雷技术要求		国家标准	2016-02-24	2016-09-01
47	GB/T 30153—2013	光伏发电站太阳能资源实时监测技术要求		国家标准	2013-12-17	2014-08-01
48	GB/T 50797—2012	光伏发电站设计规范		国家标准	2012-06-28	2012-11-01
49	GB/T 29544—2013	离网风光互补发电系统 安全要求		国家标准	2013-06-09	2014-01-01
50	GB/T 19115.1—2003	离网型户用风光互补发电系统 第1部分：技术条件		国家标准	2003-05-01	2003-10-01
51	GB/T 19115.2—2003	离网型户用风光互补发电系统 第2部分：试验方法		国家标准	2003-05-01	2003-10-01
52	GB/T 25382—2010	离网型风光互补发电系统 运行验收规范		国家标准	2010-11-10	2011-03-01
53	GB/T 29544—2013	离网型风光互补发电系统 安全要求		国家标准	2013-06-09	2014-01-01
54	GB/T 20046—2006	光伏（PV）系统电网接口特性	IEC 61727	国家标准	2006-01-13	2006-02-01
55	GB/T 19939—2005	光伏系统并网技术要求		国家标准	2005-11-11	2006-01-01
56	GB/T 31999—2015	光伏发电系统接入配电网特性评价技术规范		国家标准	2015-09-11	2016-04-01

序号	标准号	标准名称	对应国际标准	标准级别	发布日期	实施日期
57	GB/T 29319—2012	光伏发电系统接入配电网技术规定		国家标准	2012-12-31	2013-06-01
58	GB/T 30152—2013	光伏发电系统接入配电网检测规程		国家标准	2013-12-17	2014-08-01
59	GB/T 50865—2013	光伏发电接入配电网设计规范		国家标准	2013-09-06	2014-05-01
60	GB/T 31365—2015	光伏发电站接入电网检测规程		国家标准	2015-02-04	2015-09-01
61	GB/T 50866—2013	光伏发电站接入电力系统设计规范		国家标准	2013-01-28	2013-09-01
62	GB/T 29321—2012	光伏发电站无功补偿技术规范		国家标准	2012-12-31	2013-06-01
63	GB 50794—2012	光伏发电站施工规范		国家标准	2012-06-28	2012-11-01
64	GB 50797—2012	光伏发电站设计规范		国家标准	2012-06-28	2012-11-01
65	GB/T 50795—2012	光伏发电工程施工组织设计规范		国家标准	2012-06-28	2012-11-01
66	GB/T 50796—2012	光伏发电工程验收规范		国家标准	2012-06-28	2012-11-01
67	NY/T 1913—2010	农村太阳能光伏室外照明装置 第1部分：技术要求		行业标准	2010-07-08	2010-09-01
68	NY/T 1914—2010	农村太阳能光伏室外照明装置 第2部分：安装规范		行业标准	2010 07 08	2010-09-01
69	GB/T 24716—2009	公路沿线设施太阳能供电系统通用技术规范		国家标准	2009-11-30	2010-04-01

序号	标准号	标准名称	对应国际标准	标准级别	发布日期	实施日期
70	GB/T 19813—2005	太阳能突起路标		国家标准	2005-06-10	2005-11-01
71	NB/T 32021—2014	太阳能光伏滴灌系统		行业标准	2014-06-29	2014-11-01
72	NB/T 32020—2014	便携式太阳能光伏电源		行业标准	2014-06-29	2014-11-01
73	GB/T 31155—2014	太阳能资源等级 总辐射		国家标准	2014-09-03	2015-01-01
74	GB/T 31156—2014	太阳能资源测量 总辐射		国家标准	2014-09-03	2015-01-01
75	GB/T 33764—2017	独立光伏系统验收规范		国家标准	2017-05-31	2017-12-01
76	GB/T 33765—2017	地面光伏系统用直流连接器		国家标准	2017-8-22	2017-12-01
77	GB/T 33766—2017	独立太阳能光伏电源系统技术要求		国家标准	2017-8-22	2017-12-01
78	GB/T 34160—2017	地面用光伏组件光电转换效率检测方法		国家标准	2017-9-7	2018-04-01

参 考 文 献

[1] 魏学业，谷建柱，惠子南．太阳能 LED 照明设计及工程实例［M］．北京：化学工业出版社，2014.

[2] 刘祖明，丁向荣．LED 照明应用基础与实践［M］．北京：电子工业出版社，2013.

[3] 刘祖明．图解 LED 应用从入门到精通：第 2 版［M］．北京：机械工业出版社，2016.

[4] 黄汉云．太阳能光伏发电应用原理：第 2 版［M］．北京：化学工业出版社，2013.

[5] 周志敏，周纪海，纪爱华．LED 驱动电路设计实例［M］．北京：电子工业出版社，2008.

[6] 刘祖明．LED 照明工程设计与产品组装［M］．北京：化学工业出版社，2011.

[7] 毛兴武，张艳雯，周建军，等．新一代绿色光源 LED 及其应用技术［M］．北京：人民邮电出版社，2008.

[8] 何道清，何涛，丁宏林．太阳能光伏发电系统原理与应用技术［M］．北京：化学工业出版社，2012.

[9] 李安定，吕全亚．太阳能光伏发电系统工程：第 2 版［M］．北京：化学工业出版社，2016.

[10] 靳瑞敏，等．太阳能光伏应用：原理·设计·施工［M］．北京：化学工业出版社，2017.

[11] 种法力，滕道祥．硅太阳能电池光伏材料［M］．北京：化学工业出版社，2015.

[12] 杨贵恒，张海呈，张颖超，等．太阳能光伏发电系统及其应用：第 2 版［M］．北京：化学工业出版社，2015.